改訂版 はじめての人でもよく解る！

やさしく学べる 化学物質管理の法律

林 宏

〔著〕

第一法規

はしがき

　「今日、化学物質管理の担当者になった。一体、何をやればよいのか、雲をつかむようだが、そうもいっていられない。やみくもに目前に迫られた法規対応をこなして、申請書のマス目を埋めていけばどうにか仕事にはなるかもしれない」

　こう思う方も少なくないかもしれません。

　本書は、化学物質管理の担当になられた方を対象にして、化学物質管理の法律対応実務の際に役立つ概念、考え方を中心に解説するものです。

　管理の対象になる化学物質は何か、管理の手続き・方法はどのようなものなのか、管理する人は誰なのかをしっかり把握していけば、申請・届出などの具体的手続きへの理解も容易になり実務上の誤解も少なくなるでしょう。

　読み進めるにあたってモノ・手続き・人の3点を意識して読んでいただければと思います。

　新たな法規の制定・改正などへの対応も概念・考え方をおさえることでより効率的になるでしょう。

　実務上の具体的な法規手続き自体は、法規そのものの改正だけでなく、その記入フォーマットの変更や届出方法の電子申請化などにより直接影響を受けるため、手続きする際に再確認が必要になることも多くなります。そのため、本書では具体的に触れていません。本書とその法規向けの手引書や文献などを併せてご参照いただくとより効果的と思います。特に所管官庁等のウェブサイトによる情報取得は役に立つでしょう。

林　宏

※本書の内容現在日：2023年2月1日（原則）

目　　次

第 1 章
イントロダクション
―今日、化学物質管理の担当者になった―

1 化学物質とは？

（1）身の回りにあるものはすべて化学物質

　化学物質という言葉を聞いたときに、何が思い浮かぶでしょうか。フラスコに入った薬品、それとも便利な台所用品でしょうか。有害物質や公害といったネガティブなイメージももちろんあるでしょう。化学物質フリーの化粧品とか化学物質フリーの建物といったようなキャッチフレーズもあって、「化学物質」と聞いたときにイコール有害物質と思う人も少なくないようです。このようにいろいろな見方があるのが現実ですが、化学物質は有害物質だけではなく端的にいえば、身の回りにあるものはすべて含み化学物質とするのが通例です。

図表 1-1 「化学物質」のイメージ

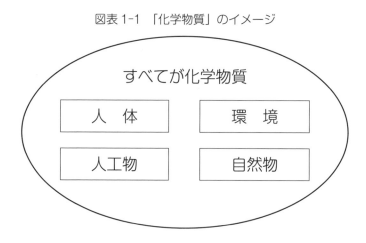

　医薬品や接着剤、塗料、洗剤などはもちろんですが、我々の身体自体がすでに化学物質ですし、身の回りの環境や地球全体、森羅万象すべて化学物質ということになります。決して有害物質や人工合成されたものだけが化学物質ではありません。

　学術分野で取り扱う化学物質の範囲はこのようにすべての物体を指すもの

で、広い意味での「化学物質」といえるでしょう。

　一方で、法律で管理の対象となる化学物質は、法律の目的にかなうように条文等により定義され、学術分野よりも限定された範囲が明確に指定されることがよくみられます。法律対応の実務では、通常このように法律によって定義された範囲内にある化学物質が取り扱われることになります。

(2) 化学物質の構成

　このような化学物質は、元素、原子、分子からなり、無機化合物や有機化合物を構成します。法律対応でも最低限、その概念を把握しておくことは必要になりますので、簡単にここで触れておきます。

①元素、原子、分子

　元素：概念的な「物質の構成要素」

　原子：元素の最小構成単位で現実に存在する「物質」

　分子：2つ以上の原子から構成される物質。例：水（H_2O）

②無機化合物

　無機化合物は炭素以外の元素で構成される化合物を指し、例えば身の回りにある食塩や金属板、足元にある岩石・鉱物なども大部分が無機化合物でしょう。ただし、炭酸などの一部の炭素化合物（次項）も無機化合物として扱います。

　　例：塩化ナトリウム（$NaCl$）、塩化カリウム（KCl）、炭酸ナトリウム（Na_2CO_3）、炭酸カルシウム（$CaCO_3$）

③有機化合物

　有機化合物は、かつては生命からもたらされる化合物で、人間が作り出したり合成したりすることはできないと考えられてきました。このことは「有機（Organic）」という名称の由来にもなっています。不思議な生命力の賜物であって人が作ることはできないとされていたので、1828年にドイツの

化学者であるフリードリヒ・ヴェーラーが尿素を有機化合物として世界で初めて人工合成したときには驚きをもって迎えられました。反対に「無機」は生命から由来しない、ということを意味します。

　有機化合物は基本的に炭素化合物のことで、炭素—炭素、炭素—水素、炭素—酸素、炭素—窒素などの共有結合で結びついた、炭素原子を中心に構成された構造を持ちます。

　身の回りのものとしては、サラダ油やお酒（エタノール）もそうですし、工業製品でいえば溶剤であるトルエンなどが有機化合物です。

図表 1-2　有機化合物の例

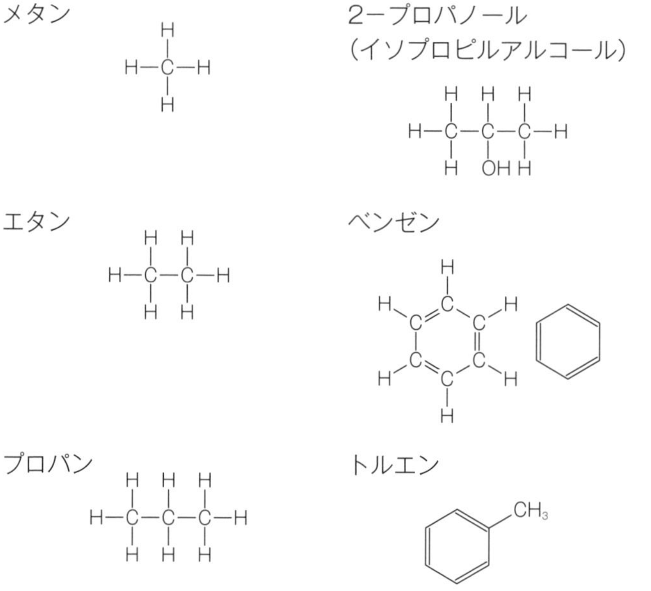

メタン

2−プロパノール
（イソプロピルアルコール）

エタン

ベンゼン

プロパン

トルエン

④高分子（ポリマー）

　現代の生活で最も目にするものは、高分子かもしれません。高分子は「分子量が大きい分子で、分子量が小さい分子から実質的または概念的に得られる単位の多数回の繰り返しで構成した構造」と定義されます。高分子は自然

界に存在し代表的なものとしては天然ゴムやセルロースなどを挙げることができますが、最も利用されているのは合成高分子でしょう。合成高分子としては、いわゆるプラスチックが身近です。ポリエチレン、ナイロン、ポリエチレンテレフタレート（ペット）や合成ゴムなどはすべて高分子です。

2　なぜ、管理しなければならないのか？

　毒性学の父と呼ばれたパラケルススの「すべてのものは毒であり、毒でないものなど存在しない。その服用量こそが毒であるか、そうでないかを決めるのだ」という言葉の通り、水でさえ摂取し過ぎれば毒になるということが明らかになっています。

　なぜ、管理しなければならないのか、という問いかけに対しての答えは端的にいえば「すべてのものは毒である、ということを受け入れた上で、これをうまく使用して利便性を引き出す必要があるから」ということになるでしょう。これはリスク管理の考え方ですが、現在の化学物質管理はこのリスク管理の考え方をベースにしています。

　それではどのように管理すれば適切なのか、という疑問が次にわきます。

　「すべてのものは毒」だとしても、現実的に毒ではないといえるものから、極微量で生命に関わる猛毒まであって、すべてを一律に管理するのは難しそうですし合理的とはいえないでしょう。しかも、身の回りの地球環境から始まって住宅や食料、衣服も化学物質です。また、その使い方も医薬品や化粧品、工業薬品や家庭用品として使われる洗濯洗剤など多岐に分かれます。

　このような中で、管理する目的として浮かび上がってくるのは「化学物質の製造や使用によって我々の生命がおびやかされることがあってはならない」ということが、考えられます。加えて、化学物質は環境中に放出されれば、地球環境やそこに生息する動植物に大きく影響することが知られており、それは回り回って我々の生命にも影響を及ぼすことになります。

　一般的な化学物質関連法規の目的はその第1条に記述されると思われますが、大意として「人の健康を守り、環境を保全する」と設定されているこ

とが多いのは、これを反映しているということもできるでしょう。

　化学物質が良くも悪くも人の生命に影響する実例は医薬品や毒物を見れば論を俟たないと思いますが、毒物がどのように管理されているか見てみましょう。

①化学物質が人の生命に影響する

　例えば、青酸カリについてですが、青酸カリは、推理小説だけでなく、実際にあった帝銀事件などによっても毒物として大変有名です。この物質が野放しにされてはならないことは明らかです。誰でも簡単に手に入れることができるようなことがあれば、安心して生活できません。

　そのため日本では毒物及び劇物取締法（毒劇法）が施行・運用されており、取り扱うにあたっては企業・営業所の登録・許可が義務とされており、販売・保管・使用について厳しい管理が求められています。青酸カリはこの毒劇法により施錠して保管し、在庫量も厳しく管理されなければなりません。その青酸カリの実際の在庫量と管理上の量に食い違いがあるようなことになれば、ニュースとして報道されることがあるのは、ご存知のことではないかと思います。

②化学物質が環境に影響する

　環境に影響した例として DDT（Dichloro Diphenyl Trichloroethane）を見てみましょう。

　DDT は衛生害虫の駆除剤として使用され、日本においても第二次世界大戦後にシラミなどの衛生害虫防除に用いられました。推定として、200万人にも及ぶ人命が発疹チフスから救われたとの報告もあります。第二次世界大戦直後、日本を占領した米軍に DDT の粉末を頭から振りかけられている子どもの映像を見たことがある方もいると思います。

　しかし、DDT は環境中で非常に分解されにくく、また食物連鎖を通じて生物の体内に濃縮されることがわかりました。そのため、日本では、1968年に農薬の製造販売会社が自主的に生産を中止し、1971年には販売が禁止

されました。世界的にも、環境への懸念から先進国を中心に、2000年までには、40カ国以上でDDTの使用が禁止・制限されています。
出典：農薬工業会ウェブサイト「農家への安全対策、使用状況の把握などについて」
　　　https://www.jcpa.or.jp/qa/a5_14.html

　日本での法律上の取扱いは、化学物質の審査及び製造等の規制に関する法律（化審法）により、難分解性かつ高濃縮性であり、人または高次捕食動物に対する長期毒性を有するおそれがある第一種特定化学物質の1つに指定され、事実上の製造・輸入が禁止されております。
　以上、人と環境に化学物質が影響する例をそれぞれ1つずつ挙げましたが、化学物質を規制する法律の役割がよくわかると思います。

3　化学物質管理に関係する法律とは？

（1）化学物質のライフステージと法律
　化学物質を使用する目的や方法は多岐にわたっているので、これを管理するために制定されている化学物質管理に関する法律もそれに応じて様々に分かれています。前項のように誰しもが毒物と認めるものだけでなく、一般的に製造・使用・利用される化学物質を管理する必要もあり、法律の目的もその使用する目的や方法によって違いがあるのは当然なことと思われます。
　そこで、化学物質管理に関連する法律を4段階のライフステージとそれに加えて環境排出に分けて整理してみましょう。

①化学物質の創出・製造・上市
　化学物質を世の中に出現させるところから、ライフステージはスタートします。ほとんどの場合は原油から取り出した化学物質を原料として多種多様にわたる化学物質が製造されています。このような化学物質を製造するにあたり、最初にその化学物質のリスクを把握し、そのリスクに見合った管理を

求める法律として、日本の化審法、EU の REACH 規則、米国の TSCA（Toxic Substances Control Act：有害物質管理法）を挙げることができます。

②化学物質の使用

　このようにして製造された化学物質を使用するにあたって、使用する人の安全・健康が確保されなければならないのは明らかでしょう。このような法律の一例としては、労働者を保護し職場環境を保全するための労働関連法規が挙げられ、日本では労働安全衛生法がそれに該当します。家庭の場合は、家庭用品品質表示法や景品表示法、有害物質を含有する家庭用品の規制に関する法律（家庭用品規制法）などがあります。

　また、医薬品や食品添加物など人の生命に強く影響するような使用目的では特に厳しく管理する必要があり、このような場合はその使用目的ごとに法律が定められています。このような法律として農薬取締法、医薬品、医療機器等の品質、有効性及び安全性の確保等に関する法律（薬機法）、建築基準法、食品衛生法などがあります。

③最終製品（成形品）を構成

　化学物質を使用して最終製品を製造した結果、その化学物質は素材・部材として最終製品を構成することになります。最終製品を一般的に化学物質管理規則では成形品（Article）とも呼びますが、このような最終製品（成形品）を構成する化学物質が規制される法規としては EU の REACH 規則や RoHS 指令があります。RoHS 指令は対象を電気電子製品としてこれに含有される化学物質を規制する法規です。近年、他国も追随して同様な法規を定め、EU だけでなく世界的に広がりを見せており、中国、台湾、韓国でも同様な法律が施行されています。

④化学物質の廃棄・リサイクル

　製造された最終製品は、使用されて寿命が過ぎれば廃棄されるかリサイクルされることになるでしょう。

　廃棄物を対象とする代表的な法規としては、廃棄物の処理及び清掃に関する法律（廃棄物処理法）や EU の WFD 指令を挙げることができます。また、自動車や電気電子製品でもエアコンなどのいわゆる白物家電のように製造量が多く、広く使用されるものについては、リサイクルすることが義務化されています。

⑤環境排出

　化学物質は、上述①〜④のライフステージを通して、常に環境排出の可能性があり、これについても法規制がなされています。このような法規には、大気汚染防止法、土壌汚染対策法、水質汚濁防止法、特定化学物質の環境への排出量の把握等及び管理の改善の促進に関する法律（化学物質排出把握管理促進法、化管法、PRTR 法）が挙げられるでしょう。

　下の図表 1-3 は、日本の化学物質関連法規として、度々日本の所管官庁等から広く示されている図ですが、ここに挙げられた主な法規をライフステージに即して整理してみましょう。

図表 1-3　化学物質管理法体系

曝露／有害性	労働環境	消費者	環境経由	排出・ストック汚染	廃棄	危機管理
人の健康への影響（急性毒性・長期毒性）	毒劇法／労働安全衛生法／農薬取締法	農薬取締法／食品衛生法／医薬品医療機器法／家庭用品品質表示法／家庭用品規制法／建築基準法（シックハウス等）	農薬取締法／化学物質審査規制法（化審法）	化学物質排出把握管理促進法（化管法）／大気汚染防止法／水質汚濁防止法／土壌汚染対策法	廃棄物処理法等	化学兵器禁止法
生活環境（動植物を含む）への影響					水銀汚染防止法	
オゾン層破壊性			フロン排出抑制法／オゾン層保護法			

出典：経済産業省ウェブサイト「化審法概要と平成 21 年以降の取組状況について」
https://www.meti.go.jp/committee/kenkyukai/safety_security/kashinhou/pdf/001_02_00.pdf

①化学物質の創出・製造・上市

　　化審法、労働安全衛生法

②化学物質の使用

　　労働安全衛生法、農薬取締法、食品衛生法、家庭用品規制法、家庭用品品質表示法

③最終製品（成形品）を構成

　　薬機法、建築基準法、家庭用品規制法、家庭用品品質表示法

④化学物質の廃棄・リサイクル

　　廃棄物処理法

⑤環境排出

　　化管法、土壌汚染対策法、水質汚濁防止法、大気汚染防止法

（2）化学物質管理に関係する代表的な法律の目的と概要

　前項で化学物質のライフステージを切り分けて主な法律を挙げましたが、これらの法規には化学物質そのものの管理を目的とするものと、本来の目的は特定の製品等の規制だが、そのために化学物質の規制が必要なものの2つに分かれているといえるでしょう。

　①前者は、化学物質そのものを規制対象としており、使用用途は様々である一方、②後者は化学物質の使用用途は、対象となる製品の製造等に係るものとして明確であり、その範囲は製品に含有する指定された有害化学物質などとされていることが特徴です（図表1-4）。

図表1-4　化学物質管理規則と化学物質の使用目的

規制対象	化学物質の使用目的	法　規　例
化学物質 ※いわゆる化学 　物質管理規則	特定されない	・化審法 ・化管法 ・労働安全衛生法（化学物質対 　象部分） ・REACH規則 ・TSCA（有害物質管理法）
製品	医薬品 建築物 電気電子機器	・薬機法 ・建築基準法 ・RoHS指令

① 通常、化学物質管理規則と呼ばれるのは、化学物質自体が主役として管
理・規制の対象であり、目的は化学物質の人の健康や環境への影響を最小
限にすることにあります。

　各国で施行・運用されている化学物質管理規則は、おおよそ以下の特徴
を共通して持ちます。

✓「インベントリ」と呼ばれる化学物質データベースを持つ。インベン
　トリに収載されている化学物質を「既存化学物質」と呼び、収載され
　ていない化学物質を「新規化学物質」と呼ぶ。
✓適用除外される場合等を除き、原則的に化学物質を上市するためには
　既存化学物質であることが必須とされている。
✓新規化学物質は、安全性評価試験等の実施と審査を経て、安全性が許
　容範囲内であると確認されたものが既存化学物質としてインベントリ
　に収載される。この手続きは「登録」や「届出」と呼ばれる。
✓使用用途は様々であり、化学物質それぞれの使用目的に適した管理が
　要求される。
✓危険有害性を有する化学物質については、その程度に応じて規制対象
　物質とし、その製造、使用などを禁止・制限・認可する仕組みを持つ。

---

② 後者は、規制する対象となる製品が明確となっており、目的はその製品の性能や機能、安全使用や環境影響等を一定の水準以上とするためのものであることが多く、化学物質の規制もこの目的のためといえるでしょう。このような法規の対象は医薬品から自動車、電気電子製品など、様々に広がっていますので、化学物質管理規則のように共通した概念を見出すことは難しいかもしれませんが、おおむね以下のように考えられます。

✓ 法規の目的は、対象となる製品の性能・機能を一定水準に保ち、さらに安全使用・環境影響のバランスをとることとされている。
✓ 規制対象となる化学物質の危険有害性は周知のもので、その規制には合意が得られている。
✓ 規制対象化学物質の製品中の含有率や製品からのばく露を管理する。

それぞれの代表的な法律として、前者は日本の化審法、後者は RoHS 指令について、その目的と概要を以下に紹介します。

①化審法（日本）

日本で施行・運用されている化審法は、世界的にも代表的な化学物質管理規則であり、1973 年に世界に先駆けて施行されています。

その第一条には目的として、新規化学物質の事前審査（いわゆる登録と同義）とそれに引き続いたリスク管理等の措置と危険有害性に応じた規制物質の指定がその骨子となっています。

> 【化審法】
>
> （目的）
>
> 第一条　この法律は、人の健康を損なうおそれ又は動植物の生息若しく
> 　　　は生育に支障を及ぼすおそれがある化学物質による環境の汚染を防止
> 　　　するため、新規の化学物質の製造又は輸入に際し事前にその化学物質
> 　　　の性状に関して審査する制度を設けるとともに、その有する性状等に
> 　　　応じ、化学物質の製造、輸入、使用等について必要な規制を行うこと
> 　　　を目的とする。

② RoHS 指令

　RoHS 指令は、電気電子機器中の有害物質の使用を制限して人の健康及び環境に寄与し、廃電気電子機器の回収・廃棄に資することを目的として、2003 年に Directive 2002/95/EC が施行されました。2 回の改正を経て現在は RoHS2 と呼ばれる Directive 2011/65/EU となり、重金属、臭素系難燃剤、フタル酸エステル類からなる合計 10 種類の化学物質が制限の対象とされており、対象となる電気電子機器には自己宣言による CE マーキングの実施が求められています。

　このように、化学物質管理に関する法規対応の最初の段階は、まず化審法のような「化学物質管理規則」に対してそのインベントリの収載を確実にすることです。これは化学物質が戸籍を持つようなもので、製造・輸入にあたってはその前提になる要件です。このようなインベントリ収載を要求する化学物質管理規則を持つ国は、次第に広がりを見せています。

　次の段階は、特定の使用用途があればそれに応じて適用される個別の法規に対応することになります。

第1章のポイント

□身の回りのすべてのものは「化学物質」である。

□化学物質管理の目的は「人の健康を守り、環境を保全する」ことにある。

□化学物質管理の方法として「すべてのものは毒である」という前提の下で、安全に使用して利便性を引き出す「リスク管理」の考え方が主流となっている。

□化学物質のライフステージは以下の5項目に整理でき、それぞれに法規が施行されている。

①化学物質の創出・製造・上市

②化学物質の使用

③最終製品（成形品）を構成

④化学物質の廃棄・リサイクル

⑤環境排出

□化学物質管理の関連法規は、化学物質を規制対象の主役とする「化学物質管理規則」と、最終製品を規制の主役として含有する化学物質の管理を要求する法律の2つに大きく分けることができる。

第 2 章

化学物質管理って何？

―化学物質管理の国際的枠組み―

1 法律を理解するために知っておきたいこと

　何事も理解を容易にする方法の定石として、一定の枠組みの中を系統的に整理する、ということがあると思います。化学物質管理についてもこれが当てはまるでしょう。まず、国際的枠組みがあり階層的に条約や各国の管理規則があります。

(1) 化学物質管理規則にも国際的な枠組みがある

　化学物質管理規則にも国際的な枠組みがあります。この枠組みは、サミット等で連綿と積み上げられ、そこから提案された管理目標や達成目標を世界各国で共有し枠組みとしたものです。このような流れの中で国同士の「法律」としての条約が制定され、条約に批准した国々がそれを遵守するために、各国が施行・運用している法規（担保法）があり、それぞれの国情に合わせた法規を施行・運用しています。

(2) 法律を守るのはその国の人

　各国が施行・運用している法規を遵守する人は、その国の人です。国家の主権が及ぶ範囲で法律はその効力を及ぼします。上市しようとする製品は、上市しようとする国の法規の遵守が必須です。この点は当然のこととして受け止められているはずですが、現在のようにサプライチェーンが国際的に広がってくると誰に法的義務が課せられるのか、あいまいになったり、錯綜してしまったりすることが現実にあります。この点をしっかりと自覚しておかないと、やるべきことの本質を見失ってしまうことがありますので注意が必要でしょう。

(3) 言葉の定義

　法規では、その法規の中で使用される言葉の定義が大変重要になります。法規の中では、一般的な文言でも改めて定義されて、本来持つよりも限定された意味で使われることがあります。これは化学物質管理規則にも当てはま

ることで、技術用語についてもそのような傾向があります。

　法規はおおよそ、第１条にその法規の目的、第２条以下には適用範囲、適用除外とともに、使用される言葉の定義が記述されることが多いと思います。

　例として化審法とREACH規則の「化学物質」についての定義を比較してみましょう。

【化審法】

（定義等）

第二条　この法律において「化学物質」とは、元素又は化合物に化学反応を起こさせることにより得られる化合物（放射性物質及び次に掲げる物を除く。）をいう。

一　毒物及び劇物取締法（昭和二十五年法律第三百三号）第二条第三項に規定する特定毒物

二　覚醒剤取締法（昭和二十六年法律第二百五十二号）第二条第一項に規定する覚醒剤及び同条第五項に規定する覚醒剤原料

三　麻薬及び向精神薬取締法（昭和二十八年法律第十四号）第二条第一号に規定する麻薬

【REACH規則】

第３条　定義

　本規則の目的のために、

1.　物質とは、化学元素及び自然の状態での又はあらゆる製造プロセスから得られる化学元素の化合物をいい、安定性を保つのに必要なあらゆる添加物や、使用するプロセスから生じるあらゆる不純物が含まれる。しかし、物質の安定性に影響を及ぼさないで、又はその組成を変えずに分離することのできるあらゆる溶剤を除く。

出典：化学物質国際対応ネットワークウェブサイト「REACH規則（英語原文及び環境省仮訳）」
　　　http://chemical-net.env.go.jp/regu_eu_reach.html

化審法の化学物質の定義は「元素又は化合物に化学反応を起こさせることにより得られる化合物」ですが、REACH 規則では「あらゆる製造プロセスから得られる化学元素の化合物」とされていることがわかります。明らかにREACH 規則の方がより広い範囲の化合物に適用されることがわかります。要するに化審法上では化学反応によって得られた化合物ではないため、その適用の範囲にならないとしても、REACH 規則では適用範囲になる化学物質が存在する、ということです。

　このように言葉の定義 1 つで、同じ化学物質でも法規対応の要・不要がある、ということに注意を払うべきでしょう。

2　サミット

　化学物質管理の世界共通目標として周知されているのは WSSD（World Summit on Sustainable Development）目標でしょう。WSSD 目標は2020 年までに達成すべき目標を示すもので、2020 年目標といわれています。2023 年現在、次の 10 年に向かっては、SDGs（Sustainable Development Goals）を中心に新たな目標が検討されています。

　WSSD 目標は、2002 年に開催されたヨハネスブルグ・サミットで提案されたものです。サミットは、ある課題を解決するために世界的に協調して、各国が合意して目標を設定し、様々な方策を策定するものです。化学物質管理に関しても、国際的な枠組みの形成にサミットが重要な役割を果たしてきました。

　現在までに開催され、化学物質管理に大きな影響を及ぼしてきたサミット、「環境と開発に関する国際連合会議」（1992 年）と「持続可能な開発に関する世界首脳会議」（2002 年）について見てみましょう。

（1）環境と開発に関する国際連合会議（1992 年）

　ブラジルのリオ・デ・ジャネイロで開催された環境と開発を主題にして開催されたサミットで、リオ・サミットとも地球サミットとも呼ばれています。

現在の化学物質管理の枠組みをつくったサミットといえるでしょう。

　成果として「リオ宣言」をはじめとして、行動計画「アジェンダ21」が提出され、「森林原則声明」「気候変動枠組条約」「生物多様性条約」を含めた5つの文書と条約が採択されました。この中から特に化学物質管理に関連した「リオ宣言」と「アジェンダ21」について説明します。

①リオ宣言

　リオ宣言は、27の原則からなる、リオ・サミットの総括ともいえる文書となります。「持続可能な開発の達成」を主眼として、先進国、開発途上国のそれぞれが応分に協力するという内容です。これを表す第4原則と第7原則を以下に示します。

【リオ宣言】

第4原則

　持続可能な開発を達成するため、環境保護は、開発過程の不可分の部分とならなければならず、それから分離しては考えられないものである。

第7原則

　各国は、地球の生態系の健全性及び完全性を、保全、保護及び修復するグローバル・パートナーシップの精神に則り、協力しなければならない。地球環境の悪化への異なった寄与という観点から、各国は共通のしかし差異のある責任を有する。先進諸国は、彼等の社会が地球環境へかけている圧力及び彼等の支配している技術及び財源の観点から、持続可能な開発の国際的な追及において有している義務を認識する。

出典：環境省ウェブサイト「国連環境開発会議（地球サミット：1992年、リオ・デ・ジャネイロ）環境と開発に関するリオ宣言」
https://www.env.go.jp/council/21kankyo-k/y210-02/ref_05_1.pdf

　次に化学物質管理分野の原則として、「予防的方策」が取り上げられた第15原則を示します。

第 15 原則

　環境を保護するため、予防的方策（※）は、各国により、その能力に応じて広く適用されなければならない。深刻な、あるいは不可逆的な被害のおそれがある場合には、完全な科学的確実性の欠如が、環境悪化を防止するための費用対効果の大きい対策を延期する理由として使われてはならない。

出典：環境省ウェブサイト「国連環境開発会議（地球サミット：1992 年、リオ・デ・ジャネイロ）環境と開発に関するリオ宣言」
https://www.env.go.jp/council/21kankyo-k/y210-02/
ref_05_1.pdf

※リオ宣言当時の翻訳として Precautionary Approach は予防的方策と翻訳されてきましたが、最近では予防的取組み、予防的な取組方法などが適用されています（第五次環境基本計画など）。本項では当時の翻訳を尊重して修正なしで「予防的方策」と示していますが、本書全体としては第五次環境基本計画を踏襲して「予防的な取組方法」とします。

　予防的方策とは、「科学的に不確実であることをもって対策を遅らせる理由とはせず、科学的知見の充実に努めながら、予防的な対策を講じる」（第五次環境基本計画）という考え方です。この第 15 原則は、予防的方策を具現化する「ストックホルム条約」の成立に直接関与しています（3（1）参照）。また、化学物質管理規則では、REACH 規則第 1 条の「予防原則」（Precautionary Principle）が REACH 規則のバックボーンであることが示されています。

【REACH 規則】

第 1 条

3.　本規則は、製造者、輸入者及び川下使用者が、人の健康又は環境に悪影響を及ぼさない物質を製造、上市又は使用することを確実にするとの原則に基づいている。予防原則が、本規定を支持する。

出典：化学物質国際対応ネットワークウェブサイト「REACH 規則（英語原文及び環境省仮訳」
　　　http://chemical-net.env.go.jp/regu_eu_reach.html

　ただし、予防的方策に対しては様々な考え方がありますが、一般的な概念としても広く受け入れられているのはリオ宣言の第 15 原則と考えられます。

②行動計画「アジェンダ 21」

　「アジェンダ 21」は持続可能な開発のあらゆる領域における包括的な地球規模の行動計画です。

　化学物質は国際的な取引や環境中への排出等を通じて世界中に拡散していくものであり、そのリスクには国境がないことから、化学物質をより適正に管理していくためには、国際的協力の下、合意された管理対策に取り組んでいくことが必要である、という考え方を打ち出したものです。

　アジェンダ 21 の第 19 章では、化学物質の管理に関する基本的な方向性とその課題を明らかにしています。具体的には、リスク評価、有害性・リスク関連情報の提供、リスク管理のための体制整備等 6 つのプログラム領域を設定し、国際的な協力による化学物質管理への取組みを求めています。

図表 2-1　アジェンダ 21 第 19 章

化学物質の管理に関する基本的な方向性とその課題	
プログラム領域	アジェンダ 21 第 19 章の課題
A：化学物質のリスクの国際的評価の拡充と促進	国際的なリスクアセスメントの強化 健康又は環境の観点からのばく露限界と社会・経済因子の観点からのばく露限界の峻別、有害化学物質別のばく露ガイドラインの策定
B：化学物質の分類と表示の調和	化学物質の統一分類・表示システム（MSDS、記号含む）の確立
C：有害化学物質及び化学物質のリスクに関する	化学物質の安全性・使用及び放出に関する情報交換の強化

情報交換	改正ロンドンガイドライン及び FAO 国際行動規範の条約化と実施
D：リスク削減計画の策定	広範囲なリスク削減のオプションを含めた幅広いアプローチの採用と、広範囲なライフサイクル分析から導かれた予防手段の活用による、許容値以上のリスクの除去・削減
E：国レベルでの対処能力の強化	化学物質の適正管理のための国家的組織及び立法の設置
F：有害及び危険な製品の不法な国際取引の禁止	有害で危険な製品の不法な国内持込みを防止するための各国の能力の強化 有害で危険な製品の不法な取引に関する情報入手（特に開発途上国）の支援

出典：経済産業省ウェブサイト「アジェンダ21 第19章の概要」
https://www.meti.go.jp/policy/chemical_management/int/
un.html

　ここに示された課題と方向性は、現在の化学物質管理規則の指針として取り入れられていることはいうまでもないでしょう。

(2) 持続可能な開発に関する世界首脳会議（2002年）

　「持続可能な開発に関する世界首脳会議（WSSD）」はリオ・サミットから10年後の2002年に、南アフリカのヨハネスブルグで開催されたサミットです。「持続可能な開発」をキーワードに、リオ宣言の見直しと具体的な施策のさらなる展開が図られました。

　大きな成果として、WSSD目標を打ち出したこと、後述のSAICMやGHSへの道筋をつけたことでしょう。

　WSSD目標は2020年目標とも呼ばれ、リオ宣言第15原則の予防的な取組方法を基盤として化学物質管理の分野での大きな指標となってきました。WSSD目標は、ヨハネスブルグ実施計画に示されています。

【ヨハネスブルグ実施計画】

　持続可能な開発と人の健康と環境の保護のために、ライフサイクルを考慮に入れた化学物質と有害廃棄物の健全な管理のためのアジェンダ21 で促進されている約束を新たにする。とりわけ、環境と開発に関するリオ宣言の第 15 原則に記されている予防的な取組方法（precautionary approach）に留意しつつ、透明性のある科学的根拠に基づくリスク評価手順と科学的根拠に基づくリスク管理手順を用いて、**化学物質が、人の健康と環境にもたらす著しい悪影響を最小化する方法で使用、生産されることを 2020 年までに達成することを目指す。**

※翻訳・太字は筆者による。太字部分が 2020 年目標として広く示されてきた。

出典：国際連合ウェブサイト「Plan of Implementation of the World Summit on Sustainable Development」
http://www.un.org/esa/sustdev/documents/WSSD_POI_PD/
English/WSSD_PlanImpl.pdf

(3) SDGs へ向けて

　1992 年のリオ・サミットから 20 年後の 2012 年に国連持続可能な開発会議（リオ＋ 20）がフォローアップ会合として開催され、リオ・サミットでの持続可能な開発に向けた種々の合意とミレニアム開発目標（MDGs）の一定の成果の達成が確認されました。

　2015 年の国連サミットで「持続可能な開発のための 2030 アジェンダ」が採択され、ミレニアム開発目標（MDGs）の後継として「持続可能な開発目標（SDGs）」が国際的に合意された目標として示されました。

　WSSD 目標の達成評価と新たな SDGs の枠組みの中で 2030 年に向けての次の 10 年の行動計画はすでに検討されており、2023 年開催の ICCM5（化学物質管理会議）は、そのマイルストーンとなるでしょう。化学物質管理がますます重大となってくることは明白と思われます。

3 条約

　条約は、拘束力をもって運用される国家間の合意です。化学物質管理に関連する条約としては、ストックホルム条約などを挙げることができますが、化学物質管理において、条約はどうして必要になるのでしょうか。簡単にいえば、化学物質が大気や水（河川・海）にいったん放出されて国境を超えるような場合は、一国が単独で規制しても効果が望めないから、と考えられます。このため、条約による規制は概ね有害物質などの規制の対象となった化学物質の国境を越えての移動を禁止・制限する内容となっています。

　以下に化学物質管理に関連する条約を示します。すべてがリオ・サミットのクライテリアから成立したものではありませんが、化学兵器禁止条約以外は、大枠として同じコンセプト（化学物質の越境を規制する）とすると把握しやすいでしょう。

図表 2-2　化学物質管理に関連する条約

条約名	発効年	規制対象
ウィーン条約	1988 年	オゾン層破壊物質
バーゼル条約	1992 年	有害廃棄物の国境を越えた移動
化学兵器禁止条約	1997 年	化学兵器製造に供される化学物質等
ロッテルダム条約	2004 年	有害化学物質の国境を越えた移動
ストックホルム条約	2004 年	残留性有機汚染物質
水俣条約	2017 年	水銀

（1）ストックホルム条約

　ストックホルム条約は「残留性有機汚染物質に関するストックホルム条約」といい、残留性有機汚染物質（POPs：Persistent Organic Pollutants）の製造、使用と廃棄物の適正処理を規定するもので、リオ宣言第 15 原則「予防的な取組方法」を反映させたものです。規制の対象となるのは文字通り「残

留性有機汚染物質　－残留性、汚染性のある有機化合物」ですが、このような化学物質はいったん環境中に排出されれば「残留性」があるので、国境を越えても消滅することなく拡散し、環境を汚染し人の健康に影響を及ぼす可能性を持ちます。そのために条約で取決めをし、その下で国々が一致して規制することによって、はじめて有効な規制が可能になると考えられます。

　ストックホルム条約は 2001 年 5 月に採択され、2004 年に締約国数が50 になって条約が発効しました。その後、残留性有機汚染物質検討委員会（POPRC）における専門家による検討を経て、締約国（COP）において新たに POPs に指定された物質が随時追加されています。

　規制物質は以下に示す附属書 A ～ C に収載され、締約国は国内法で決められた内容を担保します。日本の担保法は化審法で、規制物質となった化学物質は第一種特定化学物質に指定される取決めになっています。

　以下に附属書 A ～ C に現時点（2022 年 11 月現在）で収載されている規制物質の例を挙げます。

附属書 A：製造、使用の原則禁止

　アルドリン、エンドスルファン類、エンドリン、クロルデコン、クロルデン、ディルドリン、ヘキサクロロシクロヘキサン類、ヘキサクロロベンゼン、ヘキサブロモビフェニル、ヘプタクロル、ペンタクロロベンゼン、ポリブロモジフェニルエーテル類、マイレックス、トキサフェン、PCB、ヘキサブロモシクロドデカン、ジコホル、短鎖塩素化パラフィン、ペルフルオロオクタン酸（PFOA）とその塩及び PFOA 関連物質、ペルフルオロヘキサンスルホン酸（PFHxS）とその塩及び PFHxS 関連物質（2023年発効）　等

附属書 B：原則制限

　DDT、ペルフルオロオクタンスルホン酸（PFOS）とその塩及びペルフルオロオクタンスルホニルフルオリド（PFOSF）

附属書 C：非意図的生成物質の排出の削減
　　ポリ塩化ジベンゾフラン、ヘキサクロロベンゼン、ペンタクロロベンゼン、
　　PCB、ポリ塩化ナフタレン　等

　　その他の方策は以下に示す通りです。
　　・POPs を含むストックパイル・廃棄物の適正管理及び処理
　　・これらの対策に関する国内実施計画の策定
　　・その他の措置
　　　　－新規 POPs の製造・使用を予防するための措置
　　　　－ POPs に関する調査研究、モニタリング、情報公開、教育等
　　　　－途上国に対する技術・資金援助の実施
　　規制物質の追加・収載には決められた手順があり、POPRC が候補物質
をCOP に勧告して決定され、附属書に追加されます。
　　以下に規制物質追加のプロセスを示します。

図表 2-3　POPRC における追加提案物質の審議プロセス

1.　化学物質の収載案の提出
　・いずれの締約国も、条約の附属書 A、附属書 B 及び附属書 C に化学物質を掲載するための提案を事務局に提出できる。
　・事務局は、提案が附属書 D で指定された情報を含んでいることを確認し、検討のために POPRC に転送する。
2.　スクリーニングフェーズ
　・POPRC は提案を審査し、附属書 D で指定された審査基準を適用する。
3.　リスクプロファイル
　・審査基準が満たされていることを POPRC が確認した場合、POPRC は締約国とオブザーバーに附属書 E に指定された情報を提出するよう求め、リスクプロファイルを作成する。
　・リスクプロファイルに基づき、POPRC は化学物質が長距離の環境輸送の結果、人の健康や環境に重大な悪影響を及ぼし、国際的な行動が正当化されるかどうかを判断する。
4.　リスク管理評価
　・POPRC は、提案を進めることを決定した場合、締約国及びオブザーバーに対し、附属書 F に規定された社会経済的配慮に関連する情報の提出を求め、リスク管理評価を策定する。
　・リスクプロファイルとリスク管理評価に基づき、POPRC は化学物質を附属書 A、B、C に記載することを締約国会議が検討すべきかどうかを勧告する。
5.　化学物質の附属書 A、B、C への収載の決定
　・締約国会議は、科学的不確実性を含む POPRC の勧告を十分に考慮し、予防的な方法で、化学物質を附属書 A、附属書 B 及び附属書 C に掲載し、関連する管理措置を指定するかどうかを決定する。

出典：ストックホルム条約ウェブサイト「Overview and Mandate」を基に筆者作成。
http://www.pops.int/TheConvention/POPsReviewCommittee/OverviewandMandate/tabid/2806/Default.aspx

　ストックホルム条約での規制物質の追加は定期的に行われており、規制物質として決定されれば、日本では化審法の第一種特定化学物質となり製造・輸入が事実上禁止されるので、化学物質管理の日常業務への影響も大きく関心も高いと考えられます。規制物質の候補や審査の状況はストックホルム条約のウェブサイトで確認できます。

【参考】ストックホルム条約ウェブサイト（英語）
　　　　http://www.pops.int/

(2) ロッテルダム条約

　ロッテルダム条約（PIC 条約）は「国際貿易の対象となる特定の有害な化学物質及び駆除剤についての事前のかつ情報に基づく同意の手続に関するロッテルダム条約」といい、有害物質が国境を越えるときの手続きを定めるもので、リオ・サミット「アジェンダ21」の第 19 章における「有害な化学物質の適正な管理」の一環としてそれまでにあった管理の枠組みをさらに発展させ、規制対象物質の輸出入手続きを明確化させたものです。

　1998 年にロッテルダム条約交渉外交会議において条約が採択され、2004 年 2 月に発効しました。

　規制物質は以下の通りです（2022 年 10 月現在）。

1. PIC 条約附属書 III 掲載物質　52 物質群
2. 日本が独自に禁止または厳しく制限している物質（最終規制措置対象物質）

　注）附属書 III 掲載物質と一部重複している。

　・化審法（第一種特定化学物質）　34 物質
　・労働安全衛生法（禁止物質）　8 物質
　・毒物及び劇物取締法（特定毒物）　10 物質
　・農薬取締法（販売禁止農薬）　22 物質群

　ロッテルダム条約の担保法は輸出貿易管理令とされており、対象物質を輸出する際は同法の規定に基づき輸出承認の手続きが必要です。

(3) バーゼル条約

　バーゼル条約は「有害廃棄物の国境を越える移動及びその処分の規制に関するバーゼル条約」といい、有害廃棄物の国境を越える移動についての取決めです。1989 年に採択され、1992 年に発効しました。日本は、1993 年に条約を締結しています。日本の担保法は「特定有害廃棄物等の輸出入等の

規制に関する法律（バーゼル法）」で条約締結時に施行しています。

　対象は有害廃棄物となり詳細は条約の附属書等で規定されていますが、ここでは省きます。実際に日本から有害廃棄物を輸出したい場合等は、対象物の取決めが複雑なこともあるため、特に所管官庁への事前相談が勧められています。

（4）オゾン層の保護のためのウィーン条約

　クロロフルオロカーボン（CFC）やハイドロフルオロカーボン（HFC）は冷蔵庫・空調機器の冷媒に使用されますが、製品を製造・回収・廃棄する際などに大気中に放出され成層圏に達するとオゾン層を破壊することが、現在ではよく知られています。いうまでもありませんが、CFC、HFC の大気放出は国境を越えることはもちろん、地球大気全体に広まってしまいますので、これを規制してオゾン層を保護するためには国際的な枠組みがどうしても必要になります。このようにしてウィーン条約が1985年に成立しました。さらに具体的な取組みのために1987年に合意された「オゾン層を破壊する物質に関するモントリオール議定書」によって指定された物質について、製造・使用・移動等の規制、削減計画について先進国・発展途上国がともに協力して推進することとされています。

　モントリオール議定書はこれまでに 7 回改正されており、推進についての調整が行われています。

図表 2-4　モントリオール議定書の改正状況

	主な内容
ロンドン改正・調整 （1990 年）	附属書 B（CFCs、四塩化炭素、1・1・1-トリクロロエタン）の生産・消費規制追加 附属書 A（CFCs、ハロン）の削減スケジュール前倒し
コペンハーゲン改正・調整 （1992 年）	附属書 C のグループ I（HCFCs）の消費規制追加 附属書 C のグループ II（HBFCs）及び附属書 E（臭化メチル）の生産・消費規制追加

	附属書 A（CFCs、ハロン）及び附属書 B（CFCs、四塩化炭素、1・1・1-トリクロロエタン）の削減スケジュール前倒し
ウィーン調整 （1995 年）	附属書 C のグループ I（HCFCs）（消費規制）及び附属書 E（臭化メチル）の削減スケジュール前倒し
モントリオール改正 （1997 年）	貿易規制の強化 附属書 E（臭化メチル）の削減スケジュール前倒し
北京改正 （1999 年）	附属書 C のグループ I（HCFCs）の生産規制追加 附属書 C のグループ III（ブロモクロロメタン）の生産・消費規制追加
モントリオール調整 （2007 年）	附属書 C のグループ I（HCFCs）（生産規制）の削減スケジュール前倒し
キガリ改正 （2016 年）	附属書 F のグループ I（HFC17 種類）の生産・消費規制追加 附属書 F のグループ II（HFC-23）の生産・消費規制及び排出の破壊の追加

出典：経済産業省ウェブサイト「モントリオール議定書の概要」
　　　https://www.meti.go.jp/policy/chemical_management/
　　　ozone/law_ozone_outline.html

　日本の担保法として「特定物質等の規制等によるオゾン層の保護に関する法律」（オゾン層保護法）1988 年に制定されています。

（5）水銀に関する水俣条約

　水俣条約の名前は、1956 年に確認された水俣病から由来しますが、水銀の採掘、使用、環境排出、廃棄まで、そのライフサイクル全体を規制する条約です。2013 年に熊本県で開催された外交会議で採択・署名され、2017 年 5 月 18 日付けで締約国数が日本を含めて 50 カ国に達して規定の発効要件が満たされ、2017 年 8 月 16 日に発効しました。

　日本の担保法は、「水銀による環境の汚染の防止に関する法律」「大気汚染防止法」「廃棄物の処理及び清掃に関する法律施行令（廃棄物処理法施行令）」「外国為替及び外国貿易法」「水質汚濁防止法」「土壌汚染対策法」と 6 つの

法律にわたっています。

「水銀による環境の汚染の防止に関する法律」は水俣条約の発効を受けて2017年に施行された法律です。水銀等の環境排出を抑制することによって、人の健康の保護及び生活環境保護を目的としています。そのために水銀鉱の掘採、水銀使用製品の製造等、特定の製造工程における水銀等（水銀及びその化合物をいう。以下同じ）の使用、水銀等を使用する方法による金の採取、特定の水銀等の貯蔵及び水銀含有再生資源の管理の規制に関する措置その他必要な措置を講ずることが定められており、また「廃棄物処理法」その他の水銀等に関する規制について規定する法律と連携するとされています。

加えて「大気汚染防止法」「廃棄物処理法施行令」「外国為替及び外国貿易法」等の改正などによって条約全体の取決めをカバーしております。

(6) 化学兵器禁止条約

1992年に「化学兵器の開発、生産、貯蔵及び使用の禁止並びに廃棄に関する条約（化学兵器禁止条約）」が採択され、1997年に発効しました。日本は1995年に批准しています。

日本の担保法としては「化学兵器の禁止及び特定物質の規制等に関する法律（化学物質兵器禁止法）」が施行されており、化学兵器そのものの製造・所持の禁止、化学兵器となりうる対象物質の指定がなされ、その製造・輸入などについても届出・許可が必要とされています。

4 GHS

「化学品の分類および表示に関する世界調和システム（GHS：The Globally Harmonized System of Classification and Labelling of Chemicals）」は、化学品の危険有害性について統一された表現方法を提供し、安全データシートやラベルに記述するシステムです。このシステムは化学物質管理の中で、サプライチェーンでの情報伝達を担う重要な役割を持っています。

その端緒は、1992年のリオ・サミットで提出されたアジェンダ21第19章のプログラム領域B「化学物質の分類と表示の調和」として示され、化学物質の統一分類・表示システム（MSDS、記号含む）の確立が課題として設定されました。2003年7月には国連経済社会理事会（ECOSOC）においてGHSの実施促進のための決議が採択され、2003年には国連GHS勧告文書としてGHS第1版が公表されています。その後、毎年2回、ECOSOCのもとに設置されたGHS専門家小委員会が開催され、そこでの議論を踏まえて、2年に1回、国連GHS勧告文書が改訂されます。

　国連GHS勧告文書は各国GHSの基準となる文書で、それぞれの国はこの文書に基づき自国のGHSを構築し法制化しています。文書の構成については第1版から変更なく、以下の通りです。

図表2-5　国連GHS勧告文書の構成

第1部　GHSの目的、範囲、適用や定義等の総論
第2部　物理化学的危険性について
第3部　健康に対する有害性について
第4部　環境に対する有害性について
附属書　ラベル要素の割当て、分類及び表示に関する一覧表等

　GHSの化学品の分類は、あらかじめ用意された分類項目に沿って、それぞれの分類項目について危険有害性の程度を判定して行われます。

図表 2-6　GHS の危険有害性分類項目

物理化学的危険性	健康に対する有害性	環境に対する有害性
爆発物	急性毒性	オゾン層への有害性
可燃性ガス（化学的に不安定なガスを含む）	皮膚腐食性／刺激性	水生環境有害性 短期（急性）
エアゾール	眼に対する重篤な損傷性／眼刺激性	水生環境有害性 長期（慢性）
酸化性ガス	呼吸器感作性または皮膚感作性	
高圧ガス	生殖細胞変異原性	
引火性液体	発がん性	
可燃性固体	生殖毒性	
自己反応性化学品	特定標的臓器毒性（単回ばく露）	
自然発火性液体	特定標的臓器毒性（反復ばく露）	
自然発火性固体	誤えん有害性	
自己発熱性化学品		
水反応可燃性化学品		
酸化性液体		
酸化性固体		
有機過酸化物		
金属腐食性物質		
鈍性化爆発物		

※ JIS Z 7252：2019 を基に筆者作成。

　危険有害性があると判定された場合は、それぞれの当該分類項目について、以下の 4 つの要素を組み合わせて表現されます。

・絵表示（ピクトグラム）

・注意喚起語（Signal Word）

・危険有害性情報（Hazard Statement）※ H コードとも呼ばれる

・注意書き（Precautionary Statement）※ P コードとも呼ばれる

　絵表示は、ひし形の赤枠の中に危険有害性を表す絵が描かれているもので、GHS の象徴として捉える方も多いでしょう。

　以下に GHS で使用される 9 種類の絵表示を示します。

図表 2-7　GHS で使用される 9 種類の絵表示

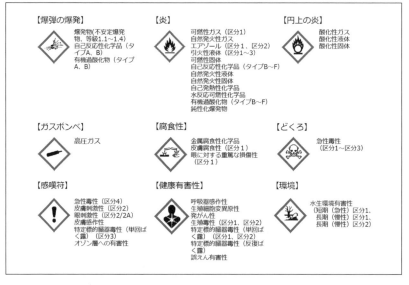

出典：厚生労働省ウェブサイト「―GHS 対応―化管法・安衛法におけるラベル表示・SDS 提供制度（令和 4 年 10 月版）」
https://www.mhlw.go.jp/new-info/kobetu/roudou/gyousei/anzen/130813-01.html

　注意喚起語、危険有害性情報、注意書きは、それぞれ危険有害性を説明するセンテンスをあらかじめ用意したものです。詳細については次章で説明します。

5 SAICM

SAICM（Strategic Approach to International Chemicals Management：サイカムと読むことが多い）は、いわゆる WSSD 目標「化学物質が、人の健康と環境にもたらす悪影響を最小化する方法で使用、生産されることを 2020 年までに達成する」を実施するための国際的な合意文書で、2006 年の化学物質管理会議（ICCM）で採択されました。

SAICM は、

　・ハザード管理からリスク管理

　・サプライチェーン管理を導入

　・ナノテクノロジーなどの新テクノロジーへの対処

　・GHS（国際的な化学品調和分類システム）

といった、現在、運用・施行されている法規の概念を提示しています。

また、関連文書としてハイレベル宣言（ドバイ宣言）、包括的方針戦略、世界行動計画を持ちます。

図表 2-8　SAICM の関連文書

■ハイレベル宣言（ドバイ宣言）
　2020 年までに化学物質が健康や環境への影響を最小とする方法で生産・使用されるようにすることを目標に掲げた、30 項目からなる政治宣言文。
■包括的方針戦略
　SAICM の対象範囲、必要性、目的、財政的事項、原則とアプローチ、実施と進捗の評価について記述した文書。
■世界行動計画
　SAICM の目的を達成するために関係者がとりうる行動についてガイダンス文書として、273 の行動項目をリストアップしたもの。

出典：環境省ウェブサイト「SAICM」
　　　http://www.env.go.jp/chemi/saicm/

6　化学物質管理規則

　以上までが、化学物質管理の国際的な枠組みの説明となりますが、この枠組みに基づいた化学物質管理規則が各国それぞれに施行・運用されています。規則の成立には各国ごとの経緯があり、国情に合わせて内容が調整されている部分があったとしても、同じ枠組みに立脚したものならば管理項目や目標には共通したものがあるでしょう。この共通したものを把握しておくことが化学物質管理規則の理解の早道といえるかもしれません。

　この項では、そのような化学物質管理規則の共通項を説明します。

　慣習的にですが化学物質管理規則とは、化学物質を上市するにあたって政府のデータベース（インベントリ）に登録し、登録後の管理等を要求する法規を指すと思われますので本項でもこれに従います。

　具体的な法規としては、第1章でも言及した日本の化審法や米国の有害物質管理法（TSCA）、EU の REACH 規則が例として挙げられます。

（1）化学物質管理規則の対象

　化学物質管理規則の対象となるのは、化学物質、混合物、成形品の3種類です。

　化学物質は、化学物質管理規則の管理単位で、単一物質、多成分系物質、UVCB、ポリマーがその範囲です。

　混合物は、化学物質が互いに反応を起こさないで混合されているものです。化学物質と混合物をまとめて化学品と呼ぶことがあります。

　成形品は、要するに部品や最終製品を指し、REACH 規則によれば「その機能への寄与が、化学物質そのものの性状よりも、表面状態や形状によるところが大きいもの」と定義されるもので、国連 GHS 勧告文書や米国法規では、この定義にさらに液体、粒子は成形品の範疇には入らないことが追加さ

れています。

　化学物質はライフステージを経るにつれ、化学物質、混合物、成形品と変換されていきます。化学物質管理規則への対応における対象の明確化で重要となるのは化学物質・混合物（化学品）から成形品への変換工程です。その理由は、1つにはこの両者、化学品と成形品では法規対応の違いが大きいために、両者を明確に区分する必要があるからであり、また両者は化学物質としてのリスク管理の方策も異なってくるためです。

図表 2-9　化学物質から成形品へ

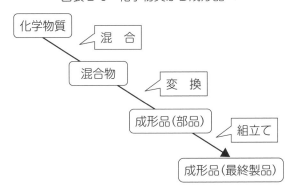

（2）化学物質の登録
①新規化学物質と既存化学物質

　まず、化学物質を製造して上市するには、その化学物質が政府のインベントリに収載されていなければいけません。

　政府インベントリに収載されているものを「既存化学物質」、収載されていないものを「新規化学物質」と呼びます。すでに学術研究の場などで取り扱われ、公知になっている化学物質でも、政府インベントリに収載されていなければ、法規上は「新規化学物質」として取り扱われることになります。

　政府インベントリに収載された化学物質には、政府の管理番号が付与されます。国によって政府インベントリの呼び名が異なりますが、日本の場合、化審法のインベントリは「既存化学物質名簿」といい、収載された化学物質

に付与される政府の管理番号は「官報公示整理番号」といいます。米国TSCA の場合は TSCA Inventory と呼び、EU のインベントリには特別な名称はありません。また、米国 TSCA での政府管理番号はほぼ CAS 番号と同じですが、EU では EC 番号（EINECS、ELINCS など）と REACH 登録番号となっています。

図表 2-10　各国化学物質管理規則のインベントリと政府管理番号

法規名	インベントリ名	政府管理番号 ※独自の番号がない場合はCAS 番号
化審法（日本）	既存化学物質名簿	官報公示整理番号
有害物質管理法（米国）	TSCA Inventory	CAS 番号
REACH 規則（EU）	―	EC 番号 REACH 登録番号
新化学物質環境管理登記弁法（MEP12 号令）（中国）	現有化学物質名録	CAS 番号

　政府管理番号は、各国政府が互いに独立して付与される番号ですので、互いに何も関連性がありません。したがって各国でインベントリに収載された化学物質が同一かどうかの比較は、CAS 番号で調べることが最初に行うことになるでしょう。

　既存化学物質は、その化学物質管理規則が公布・施行される以前から上市されていた化学物質であることを理由に、インベントリが作成されると同時にこれに収載されました。既存化学物質は、特別に規制を受けていないものならば、通常は誰でも製造・輸入し、上市することが可能です（いわゆるREACH 規則を除く）。
　インベントリに収載されていない化学物質をこれに対して新規化学物質と呼び、法規が施行・運用された後で世の中に出てきた化学物質ということになります。このような新規化学物質を上市したい場合、これをインベントリ

に収載しなければなりませんが、このインベントリ収載のための手続きを「登録」もしくは「届出」などと呼びます。通常、物理的化学的性状などについてのデータと、人健康影響、環境影響の安全性評価試験を実施して、それぞれの化学物質管理規則の要求項目を提出し政府の審査を受けます。

　一方で安全性評価データという点で、既存化学物質は法規施行以前からの上市されていた実績のため一定以上の安全性があるものとみなされ、改めてのデータ取得は努力義務もしくは不要とされてきました。このためもあってデータ等が貧弱なものも多いようです。しかし、2007 年に施行された EU の REACH 規則ではこのような既存化学物質についてもデータを取得する義務が課せられることになり、利害関係者（主に製造者、輸入者）が共同でフォーラム（SIEF）を形成し、必要に応じて安全性評価試験を実施して所定のワンセットのデータを共有してリスク管理に係る情報を提出することになりました。この手続きは REACH 規則では「登録」と呼ばれています。

　要するに REACH 規則では既存化学物質を上市する場合でも登録することが必要だ、ということになります。REACH 規則の施行後、台湾・韓国で同様に既存化学物質の登録を要求する REACH 規則に類似した法規が公布・施行されています。

②データの取得

　登録の際に要求されるデータは物理的化学的性状、人健康影響、環境影響の３種類ですが、どの国の法規でもほぼ同様の枠組みとなっています。

　新規化学物質についてのデータは、その製造・輸入数量が多いほど詳細なデータが求められる仕組みが多いでしょう。

　以下に化審法で要求される安全性評価試験について示します。

図表 2-11　化審法で要求される安全性評価試験

安全性評価試験 ／ 製造・輸入数量	10 トン／年まで	制限なし	OECD TG
分解度試験	○	○	301C

濃縮度試験	○	○	305
人健康影響			
復帰突然変異試験	×	○	471
染色体異常試験	×	○	473
28日間反復投与毒性試験	×	○	407
環境影響			
藻類生長阻害試験	×	○	201
ミジンコ遊泳阻害試験	×	○	202
魚類急性毒性試験	×	○	203

出典：独立行政法人製品評価技術基盤機構（NITE）ウェブサイト「化審法
　　　の概要①（新規化学物質審査制度）」を基に筆者作成。
　　　https://www.nite.go.jp/data/000130348.pdf

　データの取得には多額のコストと時間がかかります。上表の製造輸入量制
限なしの場合では、およそ3,000万円程度とほぼ1年以上の期間が目安で
しょう。

　試験方法は、データ取得の効率化と信頼性のため経済協力開発機構
（OECD）によって標準化された試験プロセスが、各国の審査で受け入れら
れやすいため採用されることが多いです。標準化された試験プロセスは
OECD TG（OECD Test Guideline）として多数提供されています。

　用意されているOECD TGの一部を例として以下に示します。

■急性毒性試験

　TG402：急性経皮毒性試験

■刺激性試験

　TG491： ⅰ）眼に対する重篤な損傷性を引き起こす化学物質、および

　　　　　 ⅱ）眼刺激性または眼に対する重篤な損傷性への分類が不要な

　　　　　　　化学物質を同定するための、in vitro短時間曝露試験法

出典：OECDウェブサイト「OECD Test Guidelines for Chemicals」
　　　https://www.oecd.org/env/ehs/testing/oecdguidelinesforthe
　　　testingofchemicals.htm

③審査と登録

　登録の次の段階として、取得したデータを届出し政府の審査を経て受理されれば登録は完了します。審査は行政府や、または別途組織された第三者機関的な審議会等により実施されることが通常でしょう。次項で述べますが、安全性評価試験の結果によって危険有害性（ハザード）の程度が強いことが判明した場合などは、審査により登録が認められない場合や規制物質に指定される場合もあります。通常は登録完了をもって、製造・輸入を開始することができるようになるでしょう。

(3) 成形品

　化学物質管理規則における成形品については、成形品中に含有する規制物質を把握・管理し行政府に届出等することが要求されます。

　法規で定められた管理対象は概ね以下の3点です。

1. 成形品からの意図的放出物（化学物質として取り扱う）
2. 成形品に意図的に含有させている、指定された有害化学物質（REACH規則におけるSVHCなど）
3. 成形品に非意図的に含有している、指定された有害化学物質（RoHS指令など）

　このような法規対応はEUを中心とした地域に限られていましたが、RoHS指令を始めとして、次第に同様な法規が世界的な広がりを見せています。サプライチェーンのグローバル化が進むにつれ、成形品（部品・最終製品）も世界共通で同一のものが上市されることが増加していることも手伝って、これに含有する有害化学物質の情報をサプライチェーンの川上企業から川下企業へ情報伝達することは、成形品の生産国がこのような法規対応が不要な地域であっても慣習化してきています。このための情報伝達ツールとしてIMDS、chemSHERPAなどの普及が進んできています（7(2)参照）。

　また、廃棄段階においてもEU WFD指令（※）により、REACH規則で定めるSVHCの性状を持つ認可対象候補物質リスト収載の化学物質（以下、CL物質）を含む製品を製造、輸入、または供給している企業は、2021年

41

1月5日以降、これらの製品に関する情報をSCIPデータベースに届出することが義務とされています。これは廃棄処理の際の有害物質の把握のためとされています。

※廃棄物枠組み指令（EU指令2018/851 Waste Framework Directive：WFD）は、廃棄物の人健康影響と、循環経済への移行に不可欠な資源の効率的な使用を改善するための措置を定めるものです。

（4）リスク管理

　登録が完了した化学物質について、化学物質が有するハザードの程度に応じて、規制物質に指定されることがあることは触れましたが、規制としては、製造・使用について禁止物質となったり、制限が設けられたりといったことが具体的な内容でしょう。また認可を受けないと製造や使用ができないといったこともあります。

　このような取扱いの目的は化学物質の安全使用のためですが、ばく露シナリオ（使用による物質の放出とばく露）に基づくリスク管理の考え方による結果といえるでしょう。

　リスク管理において、例えば職場で化学物質を安全に使用するにあたっては、その化学物質のばく露許容量を守ることが必須とされています。化学物質の安全使用のために日本の労働安全衛生法では、2016年にリスクアセスメントが義務化されています。

①ばく露シナリオとリスク評価

　リスク管理は、化学物質の持つ本来のハザードとともにその使用方法を重要な要素とする考え方で、「ハザードを有する化学物質も、使用方法を工夫して安全に使う」とでもいえるでしょう。

　化学物質管理におけるリスクとは「化学物質による人・環境への影響」であって、模式的に以下のように表すことができます。

> リスク＝ばく露量×ハザード

・ばく露量：使用にあたって排出される、人・環境への影響しうる数量
・ハザード：ばく露した場合の危険有害性

　この式から、ばく露量が大きければハザードが小さくてもリスクは大きくなる、また、ばく露量が小さくてもハザードが大きければリスクは大きくなるということになります。

　リスクを小さくするためには、化学物質がそれぞれに持つハザードの程度に応じて十分にばく露量を小さくすることであるのは明らかでしょう。

　リスクを把握するためには、リスク評価を最初に実施します。リスク評価の概要を模式図として以下に示します。

図表2-12　リスク評価　模式図

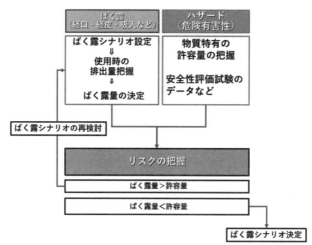

　リスク評価は、実際に化学物質を使用するにあたってのばく露量を把握し、判明している物質特有の許容量と比較して、ばく露量が許容量よりも小さければ、化学物質の使用においてリスクが十分に小さいとみなして、リスク評価は完了します。

　反対にばく露量が許容量よりも大きければ安全な使用はできませんので、

この場合はばく露シナリオを検討し直すことになります。

　ばく露シナリオは、化学物質を使用するにあたっての様々な要素を総合して、人へのばく露と環境への放出を見積もるために設定された使用等のプロセスです。

　リスクを構成するばく露量と許容量について「リスクを十分に小さくする」ためには何をすればよいでしょうか。

　ばく露量については、局所排気装置の導入や保護具などの見直しで改善できる可能性があります。

　許容量については、法規等によって定められた指標があれば、それを利用することができるでしょう。許容量は化学物質に特有の値であるため、ばく露シナリオの検討にあたって変動させることはできません。

　ばく露量が改善できなければ、より安全な代替物質への切替えなども考慮する必要があるでしょう。

　以下に許容量として代表的な指標を示します。

図表2-13　代表的な許容量の指標

■ DNEL（Derived No Effect Level　導出無影響量）
　NOAEL（No Observed Adverse Effect Level 無毒性量）を不確実係数で割ったもの。不確実係数は使用方法などによる。不確実係数が大きいほど不安全な使用方法となる。REACH規則で用いられる。

■ ACGIH（American Conference of Governmental Industrial Hygienists　米国産業衛生専門家会議）
　ACGIHが公表している化学物質の許容濃度値（TLV：Threshold Limit Values）及び生物学的モニタリングの指標（Biological Exposure Indices）を公表

■ 産衛学会　許容濃度
　労働者の健康障害を予防するための手引きに用いられることを目的として、日本産業衛生学会が勧告

---

②規制物質の指定と製造・輸入数量の届出

　登録した新規化学物質や既存化学物質については、ハザードの程度と製造・輸入される数量によって管理されることが通常でしょう。

　まず、ハザードについてですが、その程度によって、規制物質に指定されることがあります。また使用方法が制限される場合もあります。

　年間製造・輸入数量と使用方法については行政側でこれらを把握する仕組みがあります。これは環境排出量や実際の職場などでの安全使用状況の把握を目的としていると考えられます。

　どのような規制物質があるか、その例として REACH 規則の「制限物質」を見てみましょう。REACH 規則には規制物質として「制限物質」「認可対象物質」の２種類があります。制限物質は、危険有害性が確定して認知された物質で、使用する人は設定された制限条件を厳守しなければなりません。

　制限物質の例として NMP の制限条件を見てみましょう。NMP は主に溶媒、洗浄剤として使用されている化学物質です。

図表 2-14　REACH 規則制限物質としての NMP の使用条件

1-methyl-2-pyrrolidone（NMP）
CAS No 872-50-4
EC No 212-828-1

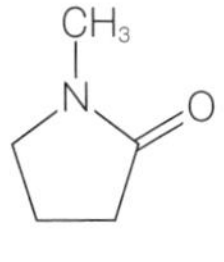

1. 2020 年 5 月 9 日以降、物質そのもの、もしくは混合物中の濃度で0.3%以上のものは上市してはならない。ただし、製造者・輸入者・川下使用者が化学品安全報告書と安全データシートを遵守してDNEL（労働者ばく露基準吸入 14.4mg/m^3　経皮 4.8mg/kg/day）の範囲内で使用する場合はこの限りではない。
2. 2020 年 5 月 9 日以降、物質そのもの、もしくは混合物中の濃度で0.3%以上のものは上市してはならない。ただし、製造者と川下使用者が適切なリスク管理方策を講じ適切な作業条件をもって 1 項に挙げた DNEL を遵守できる場合はこの限りではない。

3. 前項 1、2 の取り決めに関わらず、ワイヤーのコーティングプロセスで溶剤もしくは反応剤として使用する場合は、前項 1、2 の条件は 2024 年 5 月 9 日から適用される。

出典：REACH 規則附属書 XVII を基に筆者作成。

　また、CLP 規則（EU 版の GHS）の分類による NMP の危険有害性を以下に示します。

図表 2-15　CLP 規則の分類による NMP の危険有害性

注意喚起語：危険
絵表示：

【健康有害性】【感嘆符】

危険有害性クラス	危険有害性情報
生殖毒性　区分 1B	H360D　胎児への悪影響のおそれ
眼刺激性　区分 2	H319　強い眼刺激
皮膚刺激性　区分 2	H315　皮膚刺激
標的臓器単回ばく露　区分 3	H335　呼吸器への刺激のおそれ

出典：CLP 規則附属書 VI を基に筆者作成。

　この危険有害性を反映させて、制限物質としての使用条件が決められます。実際の使用場面での制限条件の遵守のためには、さらに DNEL を判断基準として作業の種類ごとにリスクアセスメントを実施する必要があります。

7　サプライチェーンの情報伝達

　このように化学物質はそのハザードが把握され必要に応じてリスク管理さ

れることになりますが、把握されたハザード情報を化学物質の供給者側から使用者側に、サプライチェーン上で情報伝達する仕組みを作って、化学品使用者の安全使用に役立てています。

　化学物質管理でのサプライチェーンの情報伝達は次の2種類があります。1つ目はサプライチェーン上で川上の製造者から川下使用者への、化学物質のリスク管理と安全使用のための情報伝達です。2つ目は、主に川下使用者の法遵守のための情報伝達となります。

（1）リスク管理と安全使用のための情報伝達

　通常、化学物質管理分野で法規によって規定されているサプライチェーンの情報伝達とは、このリスク管理と安全使用のための情報伝達を指し、目的は化学品を使用する人の安全を確保するための情報提供にあります。そのためのツールが安全データシート（SDS:Safety Data Sheet）とラベルです。

　SDS は、化学品の特定情報、供給者情報、ハザードとその周辺データ、法規情報などをあらかじめ定められた16項目から構成される文書です。

　ラベルは SDS からハザードを要約して示したもので、化学品の容器に直接貼付して示すものです。

　SDS とラベルの内容は、国連 GHS 勧告文書に示されており、ハザードの記述方法も基本的にこれに従います。国連 GHS 勧告文書を採用する国々が法規として施行・運用する時には SDS の16項目の基本的な構成はそのままに、サブ項目についてはそれぞれ工夫を施すことが多いです。この点は、SDS が国ごとに微妙に書式が異なる原因にもなっています。

　SDS とラベルを記述する言語は、「使用する人が容易に理解できる言語」とすることが原則ですので、各国での法規では記述言語はその国の公用語とされることが通常です。

　以下の図に SDS の16項目の構成とラベル項目を示します。

図表2-16　SDSの構成とラベル項目

安全データシート,SDS(Safety Data Sheet)
化学品について,化学物質・製品名・供給者・危険有害性・安全上の予防措置・緊急時対応などに関する情報を記載する文書。(JIS Z 7253)

項目1－化学品及び会社情報	項目9－物理的及び化学的性質
項目2－危険有害性の要約	項目10－安定性及び反応性
項目3－組成及び成分情報	項目11－有害性情報
項目4－応急措置	項目12－環境影響情報
項目5－火災時の措置	項目13－廃棄上の注意
項目6－漏出時の措置	項目14－輸送上の注意
項目7－取扱い及び保管上の注意	項目15－適用法令
項目8－ばく露防止及び保護措置	項目16－その他の情報

1. 化学品に関する情報
2. シンボルマーク
3. 注意喚起語
4. 危険有害性情報
5. 注意書き
6. 製造業者または供給業者に関する情報

ラベル{label}
化学品に関する情報要素のまとまりであって,かつ,化学品の容器に直接印刷,貼付け又は添付されるもの。(JIS Z 7253)

(2) 川下使用者の法遵守のための情報伝達

　サプライチェーンの川下使用者の法遵守のための情報伝達は、主に成形品の含有物質情報が対象とされていることが多いでしょう。例えば、川下使用者が成形品である部品や最終製品をEU域内に輸入する場合、REACH規則やRoHS指令などの成形品に含有する物質についての要求に対処して法令を遵守することは必須です。このために川下使用者は、川上の化学物質や素材・材料供給者から、その供給材に含有する規制物質の情報を入手する必要があります。このためにサプライチェーン全体で共通する情報伝達ツールの必要性が高まり、日本では経済産業省よりchemSHERPAが提案されました。chemSHERPAは規制物質の含有情報に特化された情報交換ツールであって、化学物質の安全情報に関しては記述されません。

　自動車業界で使われるIMDSも同様な目的で運用されています。

(3) 化学品と成形品の情報伝達比較

　化学品の情報伝達と成形品の情報伝達では、前項（1）（2）で示したようにその目的が異なるところがあります。化学品の情報伝達のために運用されているSDSは安全使用のための情報が主たる伝達の対象であるので、これ

については十分な記述と情報提供が期待できますが、法遵守情報については、例えば混合物の SDS にはその混合物の全成分が化学物質としてすべて特定できるように記載されることは多くはないでしょう。混合物の全成分について、化学物質管理規則の下で登録されており、既存化学物質かどうかといったような法規制情報の確認も SDS に記載された情報だけではできないことがままあるということになります。要するに SDS の情報伝達の目的は安全使用のためであって、法遵守のための情報を得るためには不十分、ということがいえるでしょう。これは SDS が情報伝達のための文書として不十分ということを意味するのではなく、安全使用のための情報伝達と法遵守のための情報提供という、2 つの異なった目的が混在していることを自覚しないまま運用されることに懸念点があるということです。

図表 2-17 化学品と成形品の情報伝達比較

項　目	化学品 （化学物質・混合物）	成形品
手段	SDS	chemSHERPA IMDS
危険有害性と 安全取扱方法	○	× 成形品そのものの安全取扱方法は取扱説明書でカバー
危険有害性物質・ 規制物質の含有情報	○	○ （規制物質）
法遵守状況の確認	△ 混合物では全成分が既存化学物質かどうか確認できない	○

第2章のポイント

□環境と開発に関する国際連合会議（リオ・サミット 1992 年）、持続可能な開発に関する世界首脳会議（WSSD 2002 年）の2回のサミットで、地球規模の環境政策に基本的な枠組みが示された。

□化学物質管理分野についても、リオ宣言、アジェンダ 21 等に基づき、種々の条約や GHS など具体的な施策が提出・運用されている。

□ WSSD で提出された 2020 年目標（WSSD 目標）は化学物質管理の世界共通の目標であり、さらに今後の 10 年、2030 年に向けての SDGs の枠組みの中に引き継がれようとしている。

□ 2006 年化学物質管理会議で提出された SAICM が、今日、各国で施行されている化学物質管理規則の骨格となっており、以後は定期的に開催される化学物質管理会議でメンテナンスされている。

□上記のような枠組みの中で、各国でリスク管理ベースの化学物質管理規則の施行・運用が進んでいる。共通した管理項目としては、以下の5点が挙げられる。

  1．対象となる化学物質のインベントリ収載
  2．製造・輸入数量の把握
  3．使用用途の把握
  4．有害化学物質には様々な規制を設定
  5．サプライチェーンでの情報伝達

第 3 章
化学物質管理の業務と法律
─化学物質管理の全体像─

1 概要

　この章では、業務の中でどのような化学物質管理法規への対応が必要になるか、化学物質のライフステージに沿って必要とされる、物質の特定、新規化学物質の登録、リスクアセスメント、成形品、サプライチェーン上の情報交換に分けて、法律ごとの詳細な手続きというよりも、手続きの概念が把握できることに重点を置いて説明します。

　化学物質はそのライフステージに沿って流れていきます（ライフステージについては第1章3（1）参照）。

【化学物質のライフステージ】

① 化学物質の創出・製造・上市

② 化学物質の使用

③ 最終製品（成形品）を構成

④ 化学物質の廃棄・リサイクル

⑤ 環境排出

　このライフステージに沿って、化学物質のサプライチェーンが構成されていることを確認しましょう。

（1）化学物質のサプライチェーン

　サプライチェーンの出発点である川上企業は、化学物質そのものを製造する化学企業です。次の川下（川中）企業は、化学物質を配合・混合する化学品・素材を製造する企業となります。さらにその川下には、その化学品・素材を用いて、部品や最終的な消費製品を製造する企業が位置します。

　また、サプライチェーンが始まる前、というと奇妙かもしれませんが、化学物質に名前をつける、「物質の特定」が最初の重要な点です。新しく創出された化学物質だけでなく、既に上市されている化学物質についても、名前とCAS番号等の固有の番号をつけて整理しますが、これは化学物質の上市に必須であることはもちろん、サプライチェーンの情報伝達において「物質

の同一性」を担保するということについても必要なものです。

　サプライチェーン全体の様子を単純化して図表に示します。

図表3-1　化学物質のサプライチェーン

モノの流れ	ライフステージ	企業の業種と活動内容の代表例	主な法律対応
化学物質	①化学物質の創出・製造・上市②化学物質の使用⑤環境排出	化学企業・商社化学物質そのものの製造・輸入	化学物質の特定情報化学物質の登録化学物質のリスク管理サプライチェーン上の情報交換
⇓化学品・素材	②化学物質の使用⑤環境排出	化学品・素材企業化学物質の反応・混合・配合などにより化学品・素材を製造する	化学物質のリスク管理サプライチェーン上の情報交換
⇓部品最終製品（電気電子製品・自動車など）	②化学物質の使用③最終製品（成形品）を構成⑤環境排出	部品・最終製品製造企業部品・最終製品の製造と使用	化学物質のリスク管理サプライチェーン上の情報交換
⇓廃棄	④化学物質の廃棄・リサイクル⑤環境排出	廃棄物処理・解体企業など廃棄・リサイクル	化学物質のリスク管理サプライチェーン上の情報交換

(2) 化学物質の製造・輸入

　まず、化学物質を製造・輸入する場合には、その化学物質が政府のインベントリ（データベース）に収載されていることが必須です。インベントリに

収載されている物質を「既存化学物質」、収載されていない物質を「新規化学物質」と呼びます。

　新規化学物質をインベントリに収載されるように手続きすることを、「登録」や「届出」など法規によって名称が違うことがありますが、ここでは「登録」に統一します。

　登録にあたっては安全性評価を実施してその危険有害性を把握しその結果や使用方法、予定数量等を所管する政府当局に提出して、その審査を受けて許可された化学物質がインベントリに収載されます。

　実際に登録の手続きを実施するのは、化学物質を製造する化学企業だけとは限りません。海外から化学物質を輸入するにあたり、輸入する国でインベントリに収載されていない、要するに新規化学物質である場合は、輸入する企業が登録を実施することになるでしょう。

　既存化学物質であった場合は、通常は登録不要で企業は製造・輸入が可能とされています。ただし、REACH規則では既存化学物質であっても個々の企業すべてにそれぞれ登録することが要求されています。

　安全性評価試験実施の結果、危険有害性を有すると判明したときは、その程度によってその化学物質を規制対象物質リストに収載して製造・輸入を禁止・制限することもあります。また使用にあたっても政府の認可が要求されたり使用方法が制限されたりします。

(3) サプライチェーン上の情報伝達と安全使用

　このようにして登録した化学物質を製造・輸入して販売するときなどは、化学物質の安全使用に関する情報をサプライチェーンに伝達することが求められます。この情報はサプライチェーンの川上企業から川下企業に伝達されるもので、川上企業が把握した情報を川下企業に伝達するということが通常であり、化学物質を混合・配合して製造される化学品・素材についても同様です。このような情報伝達のために用いられるのが安全データシートです。安全データシートは、SDS（Safety Data Sheet）と呼ばれることの方が多いと思いますので、本書でも以後SDSとします。SDSの提供と同時に、

化学物質や化学品のボトルやドラムなどのパッケージに直接貼付するものとして、ラベルも提供されます。

　次の段階として、このように供給された化学物質を使用して最終製品を製造する際には、リスク管理の考え方に基づき SDS などによって入手できた安全取扱情報や危険有害性に関するデータ等によって、リスクアセスメントを実施して安全な使用を担保します。

　最終製品については、主に RoHS 指令や REACH 規則への対応のために含有する規制化学物質の情報を伝達することが必要になります。このためのシステムとして chemSHERPA が提唱されており、情報の規格化・標準化が図られています。

　このように現在の化学物質管理規則、特に情報伝達についてはサプライチェーン全体の企業が関わっており、お互いに連携・協力しなければならなくなってきております。

2　業務の流れから法令を知る

(1) 化学物質の特定情報　～物質の同一性

　化学物質の名称や CAS 番号など、化学物質の特定情報を把握することは化学物質管理の入口であり、どのような関連業務であってもその理解と知識は必須です。この特定情報をもって化学物質についての情報をやり取りすることからも、サプライチェーンの川上、川中、川下、どの立場にとってもその重要性は同様でしょう。また化学物質の特定情報は物質の同一性について裏付けを与えるものですので、化学物質が政府インベントリに収載されている既存化学物質かどうかの確認などでも一番基礎となる情報です。

　特定情報としては、特定の 1 つの化学種に命名法による 1 つの名称を与えることや、1 つの特定できる固有の番号等、例えば CAS 番号を付与することが通常ですが、化学物質の総称名や商品名等も有用です。命名法は種々あるために、命名法によって化学物質の名称も変わります。命名法について

は本書では割愛します。

　固有の番号を付与する方法が実際にどのような仕組みなのか、出発点として単一物質である1つの化学種に1つの名称やCAS番号を割り当てる例を見てみましょう。

①単一物質

　身近にある化学物質として塩化ナトリウムを例に考えてみます。

名　称：塩化ナトリウム（Sodium Chloride）

化学式：NaCl

CAS番号：7647-14-5

化審法番号：1-236

EC番号：231-598-3

　塩化ナトリウムはご存知の通り食塩のことですが、化学物質としてCAS番号を持ち、化学物質管理規則に基づく政府のインベントリ番号も付与されています。

　CAS番号は、米国のケミカルアブストラクト社が管理する番号で学術雑誌や特許等に初出の化学物質にCAS番号が付与されます。特に申請等の必要はありません。

　ただし、公開されない化学物質には上記のように自動的に付与されることはありません。例えば、新規化学物質を日本で特許出願した場合、特許制度上当該特許が公開されるのは5年後になりますので、CAS番号が付与されるのは5年後ということになります。特許が公開される前の時期にCAS番号が必要なときは、アメリカ化学会の下部組織であるケミカルアブストラクトサービスに申請することによって、これを取得することができます（日本では（一社）化学情報協会が窓口になっています）。

　CAS番号は3つの部分からなりますが、最後の第3部分はチェックサムになっています。チェックサムはCAS番号の各桁の数字に桁数を掛けて合計したものを10で割った余り、としています。

　上記の塩化ナトリウムの例では、以下のようになります。桁数は、第1部

分と第 2 部分は通して数えます。

CAS 番号　　　　７６４７－１４－５
　　　　　　　　｜｜｜｜　　｜｜
桁数　　　　　　６５４３　２１
・線で結んだ数字同士を掛け合わせ合計する。
　　　$7 \times 6 + 6 \times 5 + 4 \times 4 + 7 \times 3 + 1 \times 2 + 4 \times 1 = 115$
・合計を 10 で割った余りが第 3 の部分の数字になる。
　　　$115 \div 10 = 11$ 余り 5
第 3 部分の数字は 5 になります。

　各国政府が管理する番号としては、日本の化審法番号（官報公示整理番号）と EU の EC 番号を挙げておきました。これらの番号は各国政府が独立して付与するので、互いに何の関係もありません。

　したがって、塩化ナトリウムという化学物質について世界共通の特定情報は CAS 番号ということになります。単一物質の同一性は、大部分が CAS 番号で確認できますが、必ずしもこれにあてはまらない場合もありますので注意が必要でしょう。

②単一物質の純度について

　次に、単一物質の「純度」ということについて考えてみましょう。いうまでもないことですが化学物質を製造する時に純度 100％のものが簡単に得られるということは、まずありません。ある化学物質を製造すると必ず何かしらの不純物や副生成物を含むことになります。純度の高い化学物質を得るためには次の工程として精製することが必須となるわけです。

　モデル的に A と B を反応させて C を得る、次のような化学反応を考えてみます。

　A ＋ B　→　C

Cを主成分として得る反応であっても、Cだけが100%生成されるわけではありません。そこで上記の反応式は以下のようにも書けることになります。

　A＋B　→　C＋D

ここではCが主成分、Dが副生成物とします。

　このように製造された化学物質Cはさらに精製工程でDを除去してCの高純度品を得ることもあるでしょう。ただし精製工程はコストが掛かります（生成反応よりも高コストなこともあります）ので、安価であることが求められる工業用化学品ではCがDを含んでいても使用にあたって差し支えなければ精製することなく上市されることになります。

　このようにしてA＋B　→　C＋Dという反応からは単純に考えると次の3つの製品ができることになります。

　1　C高純度品

　2　C工業用グレード（Dを不純物として含む）

　3　D（不純物を精製して得られた単一物質Dも製品とする）

　それでは、このようにして得られた化学物質、特に上記1と2の同一性はどのように管理されているでしょうか。

　学術的には1と2の全体が同一とみなされることはないでしょう。一方、実際の法規上の運用では、低純度の工業化学品も普通に対象となる観点からも、どの程度の純度から単一物質とみなしてよいか取決めが必要となることがわかります。

　日本の化審法、労働安全衛生法、EUのREACH規則の取決めを例として見てみましょう。

　まず、化審法ですが、運用通知には不純物について以下のように説明されています。

「化学物質の審査及び製造等の規制に関する法律の運用について」（平成30年12月3日　薬生発1203第1号・20181101製局第1号・環保企発第1811273号）2-1（1）②より

不純物として含まれる化合物については、その含有割合が1重量％未満の場合は、当該化合物は新規化学物質として取り扱わないものとする。なお、「不純物」とは、目的とする成分以外の未反応原料、反応触媒、指示薬、副生成物（意図した反応とは異なる反応により生成したもの）等をいう（以下同じ。）。

この説明から化審法では1重量％以上の含有物は把握して、それが新規化学物質であった場合は新規化学物質としての届出等が必要になるということになります。

それでは労働安全衛生法では、不純物はどのように取り扱われているでしょうか。

厚生労働省ウェブサイトの「労働安全衛生法に基づく新規化学物質届出手続きQ＆A」に以下の説明を見ることができます。

（6）　既存化学物質に含まれる不純物が新規化学物質である場合、この不純物の有害性調査を行う必要はありますか？

→　不純物や副生成物等であっても新規化学物質に該当すれば、原則、有害性調査が必要ですが、既存化学物質を製造する際、その製造工程（分離精製工程を含む。）中で生成される新規化学物質である不純物等の含有率（生成する新規化学物質が複数の場合は、それらの含有率の合計）が少ない場合（重量パーセント10％未満）であって、当該物質を製造工程中から分離することが通常の物理化学的方法で不可能である場合には、既存化学物質中に含まれるこの不純物等の有害性調査は不要です。

また、輸入される既存化学物質には主成分以外の少量の新規化学物質である副生物や不純物等が混在している場合がありますが、当該物質の届出要否についても製造の場合と同様です。

（7）　新規化学物質届出に添付する有害性調査における不純物の取扱いはどのようになりますか？

> → **被験物質はできるだけ不純物を分離したものを用いることが原則で**
> すが、不純物が分離できない場合には、次のように取り扱います。
>
> なお、不純物が新規化学物質であって、分離が可能な場合は、独立
> した有害性調査が必要です。
>
> （1）不純物が分離できない場合（反応副生成物、原料等）
>
> ア 純度（※）95％以上　主成分の単一物質として扱います。純度換
> 算は不要。
>
> イ 純度（※）90％超95％未満　主成分の単一物質として扱います。
> 純度換算は必要。
>
> ウ 純度（※）90％以下　主成分と不純物の混合物として扱います。
> 純度換算は主成分と不純物の純度の和によります。
>
> ※被験物質が混合物の場合、不純物等を除いた残りの物質の混合物を
> 「主成分」とし、計算する。（以下略）

出典：厚生労働省ウェブサイト「労働安全衛生法に基づく新規化学物質届出
手続き Q&A」
https://www.mhlw.go.jp/stf/seisakunitsuite/bunya/roudoukijun/
anzeneisei06/02.html

　ここからわかることは、労働安全衛生法では不純物は、含有率を問わず単
離して有害性調査が求められることです。ただし、分離できない場合につい
ては95％以上の純度ならば純度換算なしで単一物質として取り扱ってよい
という取決めがあります。

　これは労働安全衛生法の目的が労働者の保護であり、ばく露に影響を及ぼ
しうる化学物質は原則的にすべて把握するという考えに立脚してのことと理
解してよいでしょう。

　それでは REACH 規則ではどのような取決めがあるのでしょうか。

　物質特定については詳細なガイダンス文書が ECHA より発行されており、
このガイダンス文書を中心にした説明を進めていきたいと思います。

　なお、REACH 規則は法文の他に豊富なガイダンス文書が提供されていま

すが、いずれも法的拘束力がないと冒頭に但書きがあることに留意すべきでしょう。

　物質の特定について説明する前に物質の種類についての区分がされていますのでこれを確認しておきます。

　物質の種類は次のように区分されています。

1.　十分に定義された物質（Well Defined Substance）：定性的、定量的に組成が定義できる物質で、REACH規則附属書 VIセクション 2のパラメーター（※）で同定されうる物質
A）単一成分物質：純度 80%以上
B）複成分物質：純度 10%以上 80%未満
C）単一成分もしくは複成分物質であって物理状態などによってさらに定義されるもの：物理状態（結晶状態など）によって定義される
2.　UVCB 物質（UVCB；Unknown or Variable composition, Complex reaction products or Biological materials）：未知もしくは変動する組成、複雑な反応生成物または生物由来物であって、上記のように定義できない物質
A）生物由来の物質：抽出物（天然の香料・染料・顔料など）、巨大分子（酵素、たんぱく質、DNA など）、発酵生成物（抗生物質、生体高分子、糖類など）
B）複雑な成分をもつ化学物質：予想の難しい反応生成物や石油蒸留精製物、ベントナイト、タール

出典：ECHA ウェブサイト「Guidance for identification and naming of substances under REACH and CLP May 2017 Version 2.1」を基に筆者作成。
https://echa.europa.eu/documents/10162/23036412/substance_id_en.pdf/ee696bad-49f6-4fec-b8b7-2c3706113c7d

（※）REACH 規則附属書 VI セクション２のパラメーター（筆者翻訳）
　　　2.2.1 分子式と構造式（利用可能ならば SMILES 表記情報も含む）
　　　2.2.2 光学活性と典型的な立体異性体の比率
　　　2.2.3 分子量もしくは分子量の範囲

これを踏まえて REACH 規則で化学物質の特定や同一性についてどのように判定されているか見てみましょう。

まず単一物質ですが、1. A) の、いわゆる "80%ルール" に従って判定されます。特定にあたっては IUPAC 名、CAS 名、CAS 番号、EC 番号や分子式などが用いられます。また不純物については 1%以上含有する物質は把握するルールになっています。ただし、含有率のみで割り切って判定されるわけではなく、GHS（CLP 規則）によって有害性を有すると分類される物質や PBT（難分解、高蓄積性、毒性）については濃度に関係なく把握する必要があるとされています。

以下に EU ガイダンス文書の表を参考として、筆者により一例追加して表に示します。

図表 3-2　成分と物質の特定

物質	主成分	上限（%） 代表値(%) 下限（%）	不純物	上限（%） 代表値(%) 下限（%）	物質の特定
1	o-キシレン	90 85 65	m-キシレン	35 15 10	単一物質 o-キシレン
2	o-キシレン	90 85 65	p-キシレン	5 4 1	単一物質 o-キシレン
	m-キシレン	35 15 10			
3	o-キシレン	95 90 85	ベンゼン	15 10 5	複成分物質 Reaction mass of o-xylene and benzene

出典：ECHA ウェブサイト「Guidance for identification and naming of substances under REACH and CLP　May 2017 Version 2.1」を基に筆者作成。
https://echa.europa.eu/documents/10162/23036412/substance_id_en.pdf/ee696bad-49f6-4fec-b8b7-2c3706113c7d
1、2はガイダンス文書の記載例、3は筆者による追加例。

　ガイダンス文書によれば、表中の物質 1、2 は共に o- キシレンの単一物質として特定されています。両者は「80%」というしきい値をまたいでいるため、80% ルールが厳密に適用できるわけではありませんが、このような場合にも適用できる判定のポイントとして、i) 成分物質同士が同様の物理化学特性を持つ、ii) 成分物質同士が同一の有害性分類を持つ、の 2 点が挙げられています。物質 1、2 はこの 2 つの判定ポイントを明確にクリアしていると考えられ、共に o- キシレンとして物質特定されています。
　物質 3 は筆者が発がん性物質であるベンゼンを不純物として追加して想定例を作ったものです。現実にはない組成かもしれませんが、単一物質判定の例として考察してみたいと思います。
　判定ポイント「i) 成分物質同士が同様の物理化学特性を持つ」については物理化学特性の GHS（CLP）分類は o- キシレンとベンゼンでは同一ではなく、o- キシレンが引火性液体区分 3 であることに対してベンゼンは区分 2 とされていますが、" 同様 " な物理化学特性を持つものとしてここでは仮に判定しておきます。
　2 番目の判定ポイント、「ii) 成分物質同士が同一の有害性分類を持つ」については、ベンゼンは発がん性を持つなど o- キシレンの有害性分類とは異なっており、" 同一 "、つまり同じではないという判定になります。

図表3-3　キシレンとベンゼン　GHS分類の比較（CLP規則附属書Ⅵの
　　　　分類とラベリング）

o、m、p-キシレン	ベンゼン		
警告	危険		
引火性液体区分3	引火性液体区分2		
急性毒性　区分4 皮膚腐食性／刺激性　区分2	皮膚腐食性／刺激性区分2 眼に対する重篤な損傷性／眼刺激性 区分2 吸引性呼吸器有害性区分1 生殖細胞変異原性区分1B 発がん性区分1A 特定標的臓器毒性（反復ばく露）　区分1		

出典：CLP規則附属書Ⅵを基に筆者作成。

　したがって、物質の特定ということに関しては、1、2は単一物質とみなすことができますが、3を単一物質とすることはできません。このような物質は「複成分物質」として特定されることが妥当と思われ、この場合の物質名として表に示したように"Reaction mass of o-xylene and benzene"とでもすることができると考えられます。

　実際のReaction massの例としては、REACH登録物質として"reaction mass of ethylbenzene and m-xylene and p-xylene"が登録ドシエにあります。次のURLからご参照ください。

【参考】ECHAウェブサイト「reaction mass of ethylbenzene and m-xylene and p-xylen」
https://echa.europa.eu/registration-dossier/-/registered-dossier/12365/1

③ UVCB と CAS 番号　―有機化合物

UVCB の物質の特定について説明します。

UVCB とは、Unknown or Variable composition, Complex reaction products or Biological materials の略で、翻訳すると「組成が未知のまたは変動する物質、複雑な反応生成物または生物由来物質」となります。

最初に、なぜ UVCB というカテゴリーを設定する必要があるか、について理解する必要があるでしょう。まず、そもそもなぜ UVCB が生成するのか、説明したいと思います。

例えばカルボン酸とアルコールが反応するエステル生成反応を考えてみます。安息香酸とエタノールから安息香酸エチルが生成する反応は以下のように書くことができます。

$$CH_3CH_2OH + HOCC⟨○⟩ \longrightarrow CH_3CH_2OC⟨○⟩ \underset{O}{\overset{\|}{}} \quad (1)$$

生成したエステルである安息香酸エチル (1) は構造を一義的に記述することができ、単一物質として取り扱うことができるでしょう。実際には、原料を１：１で反応させても 100％が変換して安息香酸エチルになるわけではなく、反応しきらないで残留した原料なども混合することが通常ですので、純度の高い安息香酸エチルを得るためにはさらに精製して原料などを除くことになります。ここで安息香酸エチルの純度が 80％以上ならば単一物質として取り扱うのが REACH 規則でのルールであることは説明した通りです。

次にアルコールをエチレングリコールにした場合を考えてみます。生成物は、エステル結合がエチレングリコールの２つの水酸基の両方に生成した場合と、１つの水酸基だけに生成した場合の２通りとなり、残留した原料については上記と同様に考えることができます。

$$HOCH_2CH_2OH + HOCC⟨○⟩ \longrightarrow HOCH_2CH_2OC⟨○⟩ + ⟨○⟩COCH_2CH_2OC⟨○⟩$$

この生成物２種類をひとまとめにして複成分物質として捉えることも可

能でしょう。ただし、生成比や成分同士の危険有害性の同一性についても検討が必要なことはすでに説明した通りです。

　上記のエステル生成反応でさらにカルボン酸をテレフタル酸に変えれば、分子の鎖はどんどん伸びてポリマーを生成することになるでしょう。

　エチレングリコールとテレフタル酸が反応して生成したポリマーですので、ポリエチレンテレフタレート、いわゆるペット（PET）ということになります。

　ここまでは組成を構造で記述できることから、UVCB ではないといえるでしょう。

　UVCB とみなす要件は、組成が明確にわからない、変動する物質からの複雑な反応生成物ということになりますので、例えばアルコール成分が、構造・組成が明確なエチレングリコールではなく「組成がわからない、変動する物質」であった場合、反応生成物は UVCB となります。このようなアルコールとしては例えば生成に用いられる反応が多種類の構造を持ちうる、天然由来で精製されていないものであったりすること等が考えられます。このような物質を用いる理由としてはコストが安い、生成した物質が素材としてユニークな特性を持つ、などが挙げられるでしょう。

　例として EC インベントリ収載物質の内からは、Alcohols, C10-12 (even numbered), ethoxylated (1-2.5 EO) を挙げることができます。このアルコール自体がすでに EC インベントリで UVCB の取扱いを受けています。

m＝1－2.5　　　　　　　　　　n＝2－3

　このアルコールを上述の PET の生成反応に加えていくことを考えてみます。水酸基が 1 つのアルコールであることからポリマー末端を形成して反応式は以下に示すものになり、生成物は UVCB といえるでしょう。

　UVCB は、生成した物質の正確な組成が不明なために、出発原料と反応プロセスで規定します。命名も出発原料、反応プロセスなどを組み合わせてそのまま表現することが通常ですので、例えば上記生成物は reaction mixture of ethyleneglycol and Alcohols, C10-12 (even numbered), ethoxylated (1-2.5 EO) with terephthalic acid とできるでしょう。

　さらに、詳細な情報として組成、炭素鎖の長さなどをそのまま命名に組みこむことができます。

　UVCB の生成物を直接表すわけではない、このような命名法は便利かもしれませんが、一方、EU のガイダンス文書（下記【参考】参照）には、10％以上の成分や危険有害性・PBT の成分は、構造、CAS 番号、IUPAC 名を把握することが推奨されています。これは個々の成分情報は、適切なリスク管理のために必要な情報であるという認識があるからでしょう。

【参考】ECHA ウェブサイト「Guidance for identification and naming of substances under REACH and CLP　May 2017 Version 2.1」P.38
https://echa.europa.eu/documents/10162/23036412/substance_id_en.pdf/ee696bad-49f6-4fec-b8b7-2c3706113c7d

　以下に EC インベントリに収載されている UVCB の例を示します。

図表 3-4　UVCB の例

UVCB condensation product of: tetrakis-hydroxymethylphosphonium chloride, urea and distilled hydrogenated C16-18 tallow alkylamine	422-720-8	166242-53-1	RP	OBL
UVCB Filtration residue of fermentation of Penicillium Chrysogenum	926-059-0	-		
UVCB polymers with 4-(1,1,3,3-tetramethylbutyl)phenol,salicylic acid-terminated,zinc complexes	924-228-3	-		
UVCB reaction product of: 4,4'-methylenediphenyl diisocyanate, 4,4'-methylenedianiline and Amines, coco alkyl	923-367-7	-		
UVCB reaction product of: 4,4'-methylenediphenyl diisocyanate, 4,4'-methylenedianiline and Amines, hydrogenated tallow alkyl	921-944-8	-		
UVCB reaction product of: 4,4'-methylenediphenyl diisocyanate, 4,4'-methylenedianiline and Octadecylamine	917-479-5	-		
UVCB reaction product of: 4,4'-methylenediphenyl diisocyanate, 4,4'-methylenedianiline and Octylamine	924-674-9	-		
UVCB Residue from ECA Manufacture	921-063-9	-		

出典：ECHA ウェブサイトでの検索より。
　　　http://echa.europa.eu/home

　次に UVCB と CAS 番号について考えてみます。UVCB の CAS 番号は、
1 つの UVCB に一括して 1 つ付与することもできますが、個々の成分の特
定が必要なこともあります。例として短鎖塩素化パラフィンを例にとってみ
ましょう。

　塩素化パラフィンは加工油や可塑剤に使われてきました。長鎖（炭素数
18 ～ 30）、中鎖（炭素数 14 ～ 17）、短鎖（炭素数 10 ～ 13）に区分さ
れます。その中で短鎖塩素化パラフィン（以下、SCCP；Short Chain
Chlorinated Paraffin）は、ストックホルム条約第 8 回締約国会議「COP8」
において条約附属書 A（廃絶）に追加することが決定され、日本では 2018
年 4 月 1 日より化審法の第一種特定化学物質として原則、製造・輸入が禁
止されました。

　以下に SCCP のプロファイルを示します。

図表 3-5　SCCP のプロファイル

項目	情報
名称	短鎖塩素化パラフィン（炭素数が 10 から 13 の直鎖であって、塩素化率が 48 重量%を超えるもの）
CAS 番号	18993-26-5、36312-81-9、219697-10-6、219697-11-7、221174-07-8、276673-33-7、601523-20-0、601523-

	25-5、85535-84-8、68920-70-7、71011-12-6、85536-22-7、85681-73-8、108171-26-2 等
分子化	$C_{10}H_{17}Cl_5$、$C_{13}H_{22}Cl_6$ 等
構造式（上記の分子式の場合）	
分子量	314.5（$C_{10}H_{17}Cl_5$ の場合）、391.0（$C_{13}H_{22}Cl_6$ の場合）
外観	透明または黄色がかった液体

出典：厚生労働省ウェブサイト「デカブロモジフェニルエーテル及び短鎖塩素化パラフィンの環境リスク評価」を基に筆者作成。
https://www.mhlw.go.jp/file/05-Shingikai-11121000-Iyalyakushokuhinkyoku-Soumuka/0000186574.pdf

　また中鎖塩素化パラフィン中に短鎖塩素化パラフィンに該当する化学物質が含有されている場合も、制限された条件をクリアしていなければなりません。

　化審法では事実上の禁止物質となったためにサプライチェーン上で出回ることはなくなったはずではあるものの、その情報伝達は厳密に実施する必要があります。そのために CAS 番号を拠り所にすれば物質を特定する上での確実性は増しますが、実際には CAS 番号の関連付けは困難でしょう。これは塩素化パラフィンが多数の異性体の混合物で、全体を構成する異性体は変動的であり、かつ含まれる一つひとつの成分の CAS 番号を付与することは、事実上不可能に近いからです。

　SCCP は UVCB とみなすことができ「炭素数が 10 から 13 の直鎖であって、塩素化率が 48 重量%を超えるもの」と定義されており、直鎖のパラフィン（アルカン）の溶液に塩素ガスを吹き込む等の方法により、パラフィン中の水素が塩素で置き換わることにより得ることができます。このような方法では、直鎖パラフィンの炭素のどの位置にいくつの塩素が置き換わるか精密に制御することはできません。

図表 3-6　どの炭素にも塩素が置き換わる可能性がある

H₃C- CH₂- CH₂- CH₂- CH₂- CH₂- CH₂- CH₂- CH₂- CH₂- CH₃ ＋ Cl₂ →

H₃C- CH₂- CH₂- CH₂- CH₂- CH₂- CH₂- CH₂- CH₂- CH₂- CH₃
　　　　　↑　　　　　↑　　　　　　↑
　　　　　Cl　　　　Cl　　　　　Cl・・・

　塩素の数とその位置が異なれば、それらは異なる化学物質であり、互いに異性体の関係ですから、それぞれが個別に CAS 番号を持つことになります。
　「炭素数が 10 から 13 の直鎖であって、塩素化率が 48 重量％を超えるもの」という定義に合致するためには、いくつ塩素がついていればよいかを計算すると、C10（炭素数 10）では塩素数が 4 以上、C11、C12、C13では塩素数が 5 以上ということになります。

図表 3-7　SCCP の塩素含有率（計算は筆者による）

C	H	Cl	Cl の含有率	C	H	Cl	Cl の含有率
10	22	0	0.00%	12	26	0	0.00%
10	21	1	20.11%	12	25	1	17.16%
10	20	2	33.65%	12	24	2	29.41%
10	19	3	43.38%	12	23	3	38.60%
10	18	4	50.71%	12	22	4	45.75%
10	17	5	56.44%	12	21	5	51.47%
10	16	6	61.03%	12	20	6	56.15%
10	15	7	64.80%	12	19	7	60.05%
11	24	0	0.00%	13	28	0	0.00%
11	23	1	18.42%	13	27	1	16.06%
11	22	2	31.25%	13	26	2	27.78%
11	21	3	4070%	13	25	3	36.71%
11	20	4	47.95%	13	24	4	4375%

11	19	5	53.68%	13	23	5	49.44%
11	18	6	58.33%	13	22	6	54.12%
11	17	7	62.18%	13	21	7	58.06%

　次に異性体の数については、「詳細リスク評価書シリーズ５　短鎖塩素化パラフィン」（中西準子・恒見清孝〔共著〕、丸善、2005 年）より、引用して示します。これは１つの炭素に２つ以上の塩素が置換されないという条件に基づいて計算されたものです。

図表 3-8　SCCP 理論上の構造異性体数

塩素数	炭素数			
	C_{10}	C11	C12	C13
5	126	236	396	651
6	110	236	472	868
7	60	170	396	868
8	25	85	255	651
9	5	30	110	365
10	1	6	36	146
合計	327	763	1,665	3,549
総計	6,304			

[Tomy *et al.* 1997]

出典：中西準子・恒見清孝〔共著〕NEDO 技術開発機構・産業技術総合研究所化学物質リスク管理研究センター〔共編〕「詳細リスク評価書シリーズ５　短鎖塩素化パラフィン」丸善、2005 年、22 頁

　これに $z=4$、n=10 のとき構造異性体数を加えればよいですが、上記の詳細リスク評価書に示された計算式に従えば、これは 110 になるので、SCCP の定義に合致する異性体の数は 6,304 ＋ 110 ＝ 6,414 ということになります。

　CAS 番号が、実際にこれらの異性体それぞれに付与されていたとしても、管理するべき CAS 番号は（実際に存在するかどうかはともかく）6,414 個ということになり、実務上管理するには現実的とはいえない領域ではないでしょうか。

SCCP とわかっているものを対象として管理するには「塩素化パラフィン」を包括的に示す CAS 番号などがあるのでこれを利用すればよさそうですが、意図せずに副生成物として微量生成している SCCP があるような場合は 6,414 の CAS 番号と照合するといった方法による管理は困難と思われます。このような場合は第一種特定化学物質を管理する際の考え方としての「利用可能な最良の技術（BAT：Best Available Technology/ Techniques)」の原則に立脚して管理方法を確立することになると思われます。

　ご参考までに、NITE-CHRIP によって提示される、第一種特定化学物質としての SCCP に関連付けされた CAS 番号を以下に示します。

図表 3-9　第一種特定化学物質として SCCP に関連付けされた CAS 番号

No.	CHRIP_ID	CAS RN	物質名称
1	C006-174-85A	18993-26-5	１，１，１，３，５，７，９，１１，１１－ノナクロロウンデカン
2	C006-177-03A	36312-81-9	オクタクロロウンデカン
3	C004-892-63A	61788-76-9(※1)	クロロアルカン
4	C004-892-41A	63449-39-8(※1)	塩化パラフィン
5	C018-566-33A	63981-28-2	１，１，１，２－テトラクロロロウンデカン
6	C004-892-74A	68920-70-7(※1)	クロロアルカン（Ｃ＝６～１８）
7	C015-382-83A	68938-43-2(※1)	塩素化マイクロクリスタリン炭化水素ワックス（石油系）
8	C004-892-85A	71011-12-6(※1)	クロロアルカン（Ｃ＝１２～１３）
9	C004-892-96A	84082-38-2(※1)	クロロアルカン（Ｃ＝１０～２１）
10	C004-893-09A	84776-06-7(※1)	クロロアルカン（Ｃ＝１０～３２）
11	C004-892-52A	85422-92-0(※1)	クロロパラフィン油
12	C004-893-32A	85535-84-8(※1)	クロロアルカン（Ｃ＝１０～１３）
13	C004-893-65A	85536-22-7(※1)	クロロアルカン（Ｃ＝１２～１４）
14	C004-893-76A	85681-73-8(※1)	クロロアルカン（Ｃ＝１０～１４）
15	C004-893-98A	97553-43-0(※1)	クロロパラフィン（Ｃ＞１０，直鎖型、石油系）
16	C004-893-87A	97659-46-6(※1)	クロロアルカン（Ｃ＝１０～２６）
17	C027-481-81A	104948-36-9(※1)	クロロアルカン（Ｃ＝１０～２２）
18	C004-894-23A	108171-26-2(※1)	塩化パラフィン（短鎖）
19	C006-180-91A	219697-10-6	ヘプタクロロウンデカン
20	C006-181-04A	219697-11-7	ノナクロロウンデカン
21	C006-181-15A	221174-07-8	１，２，１０，１１，？，？，？，？－オクタクロロウンデカン
22	C006-181-26A	276673-33-7	デカクロロウンデカン
23	C006-181-48A	601523-20-0	１，１，１，３，６，７，１０，１１－オクタクロロウンデカン
24	C006-181-59A	601523-25-5	１，１，１，３，９，１１，１１，１１－オクタクロロウンデカン
25	C027-481-92A	866758-65-8(※1)	クロロアルカン（Ｃ＝１２～１６）

出典：独立行政法人製品評価技術基盤機構（NITE）ウェブサイトでの検索より。
　　　http://www.nite.go.jp/chem/chrip/chrip_search/systemTop
　　　※ NITE-CHRIP は NITE により提供されている「化学物質総合情報提供システム（Chemical Risk Information Platform)」です。

　また、製品中の含有化学物質で SCCP に該当するような物質があっても、ここに挙げられている以外の CAS 番号で情報伝達がなされたら、受領側で

SCCP と判断することは難しいかもしれません。これを補うためには川上の供給者と川下使用者との協力が欠かせないものになるでしょう。

　以上は UVCB として扱われる化学物質を CAS 番号のみで管理する困難さを示す典型的な例といってもよいでしょう。

④ UVCB と CAS 番号　—無機化合物

　次は無機化合物のうち、複合酸化物の特定方法はどのようなものになるか見てみましょう。

　複合酸化物は複数の金属酸化物が高温で溶け合ったもので、セラミックやガラスも複合酸化物です。

　例としてケイ酸マグネシウムを取り上げてみましょう。

　ケイ酸マグネシウムは別名をフロリジルといい、マグネシウム、ケイ素と酸素から構成されますが、分子式や分子量を特定できません。酸化マグネシウムと酸化ケイ素を混合して強熱することによって製造しますが、混合するときの比率によって多種多様なものの生成が可能となります。

　ここでケイ酸マグネシウムの特定情報を示します。

ケイ酸マグネシウム：x（MgO）・y(SiO_2)

CAS 番号：1343-88-0

化審法番号（官報公示整理番号）：1-468

EC 番号：215-681-1

　ケイ酸マグネシウムは CAS 番号によって特定されることがわかりますが、酸化マグネシウムと二酸化ケイ素の比率まで限定するものではありませんので、これらがどのような比率であれ「ケイ酸マグネシウム」として名乗ることはできることになります。

　この比率を限定する必要があるときには CAS 番号等だけで特定することに限界がありますので、別途取決めをすることがあります。このようなものとして食品添加物の規格として、FAO/WHO 合同食品添加物専門家会議により INS No. 553(i)（下記【参考】参照）において MgO と SiO_2 の比率は

おおよそ２：５と規定されています。

【参考】FAO ウェブサイト「INS No.553（ⅰ）」
http://www.fao.org/fileadmin/user_upload/jecfa_additives/docs/
monograph11/additive-267-m11.pdf

次にケイ酸チタニウムを見てみましょう。

ケイ酸マグネシウムと似たような化学名ですが、どのような違いがあるで
しょうか。

ケイ酸チタニウム：$x (TiO_2) \cdot y(SiO_2)$

CAS 番号：42613-21-8

化審法番号（官報公示整理番号）：－

EC 番号：255-911-8

これを見ると CAS 番号と EC 番号は指定されているので、これをもって
特定情報とできますが、化審法番号はありません。

このような化学物質が化審法でどのように取り扱われるかは、いわゆる化
審法運用通知で指針が示されています。

「化学物質の審査及び製造等の規制に関する法律の運用について」（平
成 30 年 12 月 3 日　薬生発 1203 第 1 号・20181101 製局第 1 号・
環保企発第 1811273 号）2―1（2）①より

ロ　　固溶体又は複合酸化物は、それらを構成している酸化物等の混合物
　　として扱うものとする。

「それらを構成している酸化物等の混合物として扱う」ということなので、
これに即してケイ酸チタニウムは、二酸化チタンと二酸化ケイ素の混合物と
みなすことになります。

ケイ酸チタニウム　$x (TiO_2) \cdot y(SiO_2)$

　　⇒　化審法では混合物として取り扱う

・二酸化チタン　TiO_2　CAS 番号 13463-67-7　化審法番号　1-558

・二酸化ケイ素 SiO_2 CAS 番号 7631-86-9 化審法番号 1-548

　このような場合、当該複合酸化物の構成成分をどのような酸化物と区別するか、中心金属の酸化数などについても、製造方法が不明な場合などでは単純に決められないこともあるでしょう。また実際の取扱い製品が単一物質や固溶体等であった時、化審法上は混合物とみなすことで法遵守がクリアできても、リスク管理上の課題があるかどうかについては別途検討を加える必要があるかもしれません。さらにこのような複合酸化物を海外展開しようとしたときには、仕向け先の国では、混合物ではなく単一物質の新規化学物質として取り扱われ、そのための当該化学物質の登録プロセスを踏むことが迫られることもあります。この化学物質は単一の EC 番号を持つことから、EU域内では単一物質として取り扱われ、この事例に相当することがわかります。

　最後にガラス中のホウ酸（H_3BO_3）についての EU での取扱いについて確認します。

　ホウ酸は REACH 規則において CL 物質（CL; Candidate List）（※）とされていますので成形品に含有していれば届出（第 7 条）や情報伝達（第33 条）の義務が課せられる場合があります。

（※）CL 物質は、REACH 規則の認可対象候補物質リスト収載物質のことで SVHCの性状を有する。

　ホウ酸はガラスの原料成分としてレンズ等に用いられていますが、EU のガラス工業会は、ガラスは UVCB であってホウ酸はその原料となるので上記の義務は発生しないと宣言しています。
【参考】ガラス産業連合会ウェブサイト「Responses to REACH Regulation August 24, 2012, GIC Environmental Technology Sub Committee」
http://www.gic.jp/techno/images/REACH_english.pdf

　これは規制物質になったホウ酸は原料ではあるが、製造された固溶体であるガラスは UVCB であって、原料であるホウ酸はすでに存在していないことを理由としているからでしょう。

　また原料としてこのような取扱いを SDS へ反映させることについても、

日本のガラス産業連合会により提案されていますので、以下に引用（原文ママ）して示します。

Q4. ガラスの MSDS に、ホウ酸（H_3BO_3）、酸化ホウ素（B_2O_3）の CAS 番号が記入されている事例があります。

A4. 残念ながら、ガラスの情報伝達が適切に行われているとは言えません。ガラスを特定するために、酸化物の組成式で表記することは、ガラス分野の技術的な慣習となっておりますが、組成酸化物単体や原料は、ガラスとは異なります。従って、原料や組成酸化物単体の CAS 番号や官報公示整理番号などを多用してきた慣習は、見直す必要があります。

しかし、ガラス製品を特殊な使い方をする場合などに、役に立つ参考情報として扱われるのであれば、適切な情報伝達と言うことができます。

出典：ガラス産業連合会ウェブサイト「『REACH 規則への対応について』
平成 22 年 10 月 1 日、改訂平成 24 年 5 月 25 日」
http://www.gic.jp/techno/REACH.html

このように複合酸化物、固溶体の物質の特定が容易ではない様子がうかがえます。特に規制物質となった成分についての取扱いについては、対象製品の実際の化学物質としてのリスクを反映させた法規制遵守についての検討と正しい情報伝達への様々な工夫があることがわかります。

以下に複合酸化物・固溶体に係る工業団体の見解等の資料を参考として挙げておきます。

・「改正労働安全衛生法における複合酸化物顔料の運用方法について」2012 年 12 月 12 日、2018 年 10 月 1 日改訂、複合酸化物顔料工業会
http://kaseikyo.jp/wp/wp-content/uploads/7a99d4cba8168fe404dafdc1112e17e0.pdf
・「電子部品中のセラミックおよびガラス物質表記に関するガイドライン第 4.1 版」 2021 年 7 月　一般社団法人電子情報技術産業協会電子部品部会 / ESG 委員会部品環境専門委員会

（2）化学物質の製造・輸入

　化学物質管理規則が施行・運用されている国では、製造・輸入してト市しようとする化学物質がその国の政府のインベントリ（データベース）に収載されていなければならないのはこれまでに述べてきた通りです。このインベントリに収載される手続きを「登録」や「届出」と呼んでいます。

　登録のためには、登録しようとする化学物質の物理化学的性状、人への健康有害性、環境影響などの法規に要求される安全性を評価し、その結果を政府に提出、審査を経て申請が確認されて登録が完了すれば、製造・輸入・上市することができるようになります。

①対象となる化学物質

　最初に化学物質管理規則の対象となる化学物質は、どのようなものか確認してみましょう。

　製造・輸入・上市などの際に法規への対応が要求される対象となる化学物質は、学術的・科学的にいう化学物質全体より狭い、その法規の定義による限定された範囲になります。

　まず、学術的・科学的にいう化学物質全体としての定義ですが、これは森羅万象を構成する化学物質とは何かを定義するということと同義になります。

　IUPAC（International Union of Pure and Applied Chemistry；国際純正・応用化学連合）が公表している化学用語集であるゴールドブックには「chemical substance」として下記の通り記されています。

　"Matter of constant composition best characterized by the entities (molecules, formula units, atoms) it is composed of. Physical properties such as density, refractive index, electric conductivity, melting point etc. characterize the chemical substance."

構成する実体（分子、化学式、原子）によって最もよく特徴付けられる一定組成のもの。 密度、屈折率、電気伝導率、融点などの物理的性質は化学物質を特徴付ける（筆書翻訳）。
出典：IUPAC ウェブサイト「Gold Book」
　　　https://goldbook.iupac.org/html/C/C01039.html

　また、「化学大辞典」（大沢利昭、大木道則、田中元治、千原秀昭編、東京化学同人、1989 年）には、「すべての生物、非生物を構成する物質は原子であるが、大部分の物質では原子が結合して分子となり、または、さらに分子の集合体や高分子重合体を形成している。これらを独立の、かつ純粋な物質として化学物質とよぶ」とあります。
　このように物体すべては化学物質とされています。
　次に個別の法律について、その化学物質の定義を見て行きたいと思います。法規での化学物質の定義や適用範囲は、条文の比較的冒頭の方に書かれていることが多いです。法規によって限定された化学物質の定義を確認することは、自社製品がその法規の対象となるかどうかの判断に必要となります。補足ですが、法規対象になるかどうかの確認の次の段階として、法規の対象範囲であっても特定の手続きなどに対して適用除外についての判断が必要なことがあります。法規上、はじめから対象外なのか、対象外ではないが法規内の特定の手続きなどに対しては適用除外なのか、この 2 つは混乱なくしっかり把握すべきでしょう。
　以下に日本と EU での化学物質の定義を示します。
【日本】
化審法
　化審法では、第 2 条第 1 項に「元素又は化合物に化学反応を起こさせることにより得られる化合物」と定められています。
　要するに、化審法は人工的に合成される化学物質のみを対象としているといえるでしょう。化学物質であっても、例えば植物などから精製したり抽出したりするだけで化学反応が起こっていなければ化審法において化学物質と

しての取扱いを受けません。

労働安全衛生法（安衛法）

　「元素及び化合物をいう」（第 2 条第 3 号の 2）と定義されています。化審法と違い、反応させて生成させたものだけでなく、自然由来物などを加えたより広い範囲が指定されています。労働者が使用した場合の安全と健康の確保が主眼の 1 つと考えれば理解しやすいと思います。

化管法

　第 2 条に「この法律において「化学物質」とは、元素及び化合物（それぞれ放射性物質を除く。）をいう。」と定めています。安衛法との差は、放射性物質を除外している点です。

　ただし化管法では対象物質として「第一種指定化学物質」「第二種指定化学物質」として具体的に指定された物質があり、PRTR、SDS 各制度の対象とされています。

【EU】

REACH 規則

　第 3 条に「物質とは、化学元素及び自然の状態での又はあらゆる製造プロセスから得られる化学元素の化合物をいい、安定性を保つのに必要なあらゆる添加物や、使用するプロセスから生じるあらゆる不純物が含まれる。しかし、物質の安定性に影響を及ぼさないで、又はその組成を変えずに分離することのできるあらゆる溶剤を除く。」とあります。

出典：化学物質国際対応ネットワークウェブサイト「REACH 規則（英語
　　　原文及び環境省仮訳）」
　　　http://chemical-net.env.go.jp/pdf_reach/REACH_final_j3.pdf

　このように日本では自然由来物は化審法では法規の対象になりませんが、REACH 規則では対象になるところは注意が必要でしょう。日本では化審法での化学物質ではないものでも、EU へ輸出すれば化学物質扱いになるわけ

です。

②政府インベントリの確認

　製造・輸入して上市を始めようとする化学物質が、化学物質管理規則の対象となりうる化学物質であるとわかれば、次段階として当該化学物質が政府インベントリに収載されているかどうか、確認する必要があります。

　確認の手段として、独立行政法人製品評価技術基盤機構（NITE）の化学物質総合情報提供システム（NITE-CHRIP）は、インターネットでアクセスしてすぐに誰でも使用できます。CAS番号や名称等からの検索が可能です。
【参考】独立行政法人製品評価技術基盤機構（NITE）ウェブサイト
http://www.nite.go.jp/chem/chrip/chrip_search/systemTop

　EUのインベントリも同様にインターネット経由でECHAウェブサイトから無料でアクセスできます。NITE-CHRIPと同様にCAS番号、名称等を入力することによって検索が可能です。
【参考】ECHAウェブサイト
https://echa.europa.eu/advanced-search-for-chemicals

　例として、キシレンのNITE-CHRIPでの検索の結果を示します。
　インベントリ収載が確認できたので、化審法においての届出（登録）は不要とわかりました。

図表3-10　キシレン（CAS番号：1330-20-7）の化審法ステータス

化審法：既存化学物質　データの説明　第6類の用語の定義　【PDF：48KB】　第7類の用語の定義　【PDF：114KB】　輸入通関手続き（経産省サイト）　製造数量等の届出（経産省サイト）		
化審法官報整理番号	3-3	類別　　3類
官報公示名称	キシレン	
備考	-	
詳細情報	J-CHECKへ	
労働安全衛生法公表化学物質に関する注	昭和54年6月29日までに化審法の規定により公示された化学物質	
労働安全衛生法公表化学物質に関する詳細情報	職場のあんぜんサイトへ	
化審法官報整理番号	3-60	類別　　3類
官報公示名称	モノ（又はジ）メチル（エチル、ブロモアリル、ブロモプロピルオキシカルボニル、又はクロロプロピルオキシカルボニル）ベンゼン	
備考	-	
詳細情報	J-CHECKへ	
労働安全衛生法公表化学物質に関する注	昭和54年6月29日までに化審法の規定により公示された化学物質	
労働安全衛生法公表化学物質に関する詳細情報	職場のあんぜんサイトへ	
労働安全衛生法公表化学物質に関する詳細情報	職場のあんぜんサイトへ	

出典：独立行政法人製品評価技術基盤機構（NITE）ウェブサイトでの検索
　　　より。該当箇所のみ。
　　　http://www.nite.go.jp/chem/chrip/chrip_search/systemTop

　一方、REACH 規則の場合は、EC インベントリ収載のある既存化学物質
であっても、製造・輸入の開始にあたって登録が必要になります（本項④参
照）。

③化学物質の登録手続き

　政府インベントリの収載が確認できなかった場合は、当該化学物質は法律
上の新規化学物質となります。政府インベントリの収載手続き、要するに登
録をしなければなりません。現時点で日本・EU・米国・中国・韓国・台湾・
フィリピン・オーストラリア・ニュージーランド・カナダなどではこのよう
な化学物質管理規則が制定され施行・運用されています。

　登録は製造・輸入を開始する前に完了していることが要求されます。新規
化学物質を上市するまでの段階は、大きく以下の3段階に分けることがで
きるでしょう。

1. 研究開発段階
　化学物質の設計・合成と使用にあたっての性能評価
2. パイロットプラント
　少量製造の検討と小規模な上市・商品化
3. 製造
　商業的に生産し上市する

　研究開発段階において、多くの化学物質管理規則で登録の適用免除制度が
設けられています。ただし、免除を受けるにあたって国によって申請が必要
な場合もあれば、特に届出・申請などは不要な場合などもありますので、必
要な手続きを確認する必要はあります。

　パイロットプラントから製造の段階では登録が必要ですが、年間の製造・
輸入数量の程度によって安全性評価試験の要求の程度に差をつけて減免措置
が取られています（図表 2-11 参照）。

新規化学物質の場合、製造・輸入は少ない数量から次第に増加していくことが実際多いケースと思われます。数量に対応した安全性評価試験を随時追加して、その数量帯での要求データを段階的に満足させていくことで、ある程度コスト面でも無理のない法遵守ができると思われます。

　ただし安全性評価試験の結果、重大な危険有害性が判明するようなことがあれば、製造・輸入・販売・使用が禁止・制限等の規制の対象となることがあり、使用にあたって特別な認可を受けなければならないことがあります。

　必要な期間としては、安全性評価試験に要する期間とそのデータを当局に提出して審査を受け、登録されるまでの期間の両方を勘案しなければなりません。

　安全性評価試験の期間についてはさらに、試験用サンプルを合成・調製する期間、安全性評価試験そのものの期間に分けられます。もし海外での申請で、安全性評価試験も登録先の国で実施することになれば、サンプル送付などの時間も必要です。

　OECD TG などによる健康有害性や環境影響のための安全性評価試験では、手順に従って計画書を作成し試験開始日から報告書の提出日までを決めてから試験開始となります。

　場合によっては試験を実施する試験ラボの空き具合によって、試験開始まで長く待つことも考慮して、余裕をもってスケジュールを立てることが必要です。

　審査については、法規で決められた所要日数があり、通常はその日数以内で審査は完了します。

　例えば、米国の TSCA では審査期間は 90 日以内と決められています。

　また、日本の化審法では、申請の受付けと審査の実施は、その回数と時期が年単位で設定され、年度末ごろに翌年度の予定が例年公表されています。

　以上を勘案して、海外で登録する際のモデルケースとして、試験を実施する国にサンプルを送付して安全性評価試験を実施し、登録申請するモデルケースを想定してみましょう。

図表 3-11　海外での安全性評価試験の実施と登録申請の推定日程例

必要日数（週）	項　目
2	評価用サンプルの合成・調製。
	登録先国での試験・研究開発向けなどの少量サンプルとして化学物質管理規則の適用除外申請―許可を受ける。
1	サンプルの送付―登録先国でサンプルを輸入し試験ラボまで配送する。
15	試験開始・最終報告書の提出を受ける。
15	登録関係書類を作成し当局に提出・審査を受ける。
	登録の受理・登録証などの発行。
2	GHS 対応の SDS とラベルの作成など、その他必要書類を作成。 適切な容器・梱包・輸送方法の選定。
合計 35 週間	輸入の開始。

　単純化してすべての工程が順調に進行して 35 週という期間になりました。安全性評価試験や審査の期間など実際には、もっと短くなったり長くなったりということはもちろんありますので、あくまでも参考としてご理解ください。

④ REACH 規則と代理人制度

　ここではまず、化学物質管理規則で "REACH" と呼ばれるものとそうではない規則の違いについて説明します。特に "REACH" と呼ばれるための条件等が定義されているわけではありませんが、2007 年に施行された EU の化学物質管理規則である REACH 規則がその呼び名の元々で、その法規の名前 の 中 から Registration, Evaluation, Authorisation and Restriction of Chemicals (REACH) の頭文字を取ったものです。

　REACH と呼ばれる化学物質管理規則は、現時点で EU の REACH 規則、韓国の化学物質の登録、評価等に関する法律（K-REACH）を挙げることが

でき、台湾の新化學物質及既有化學物質資料登録辦法も台湾 REACH と呼ぶことができるかもしれません。REACH と呼ばれる法規の特徴の 1 つとしては、「利害関係者（stakeholder）による化学物質のリスクの特定と管理」を挙げることができるでしょう。REACH 以外の化学物質管理規則では、既存化学物質については政府とその関係機関等がデータの取得等を主導していると思われます。なお、利害関係者とは、企業をはじめとして、製造・輸入などをしていない第三者等も含まれます。

　REACH 規則の特徴としてよく知られている「既存化学物質の登録」もこの「利害関係者による化学物質のリスクの特定と管理」を実現するための手段として見ることもできます。「既存化学物質の登録」は実質的には化学物質のデータの集約と評価です。

　REACH 規則には、国外・域外の製造者が「唯一の代理人」を指名し、「唯一の代理人」は法的責任を負って化学物質の登録等の手続きを遂行する制度があります。次表に代理人制度を設けている国を示します。

図表 3-12　代理人制度を設けている国

	EU	台湾	韓国	中国
資格者	EU 加盟国に国籍があること 自然人・法人	台湾国籍であること 自然人、管財人など 登録者と無関係の法人	韓国国籍があること 自然人・法人	中国国内の法人であって、資本金などの条件を満たすもの
指名者	海外製造者・供給者	台湾の製造者・輸入者	海外製造者・供給者	海外製造者・供給者
登録への責任	代理人	指名者	代理人	代理人
登録書類の提出	代理人	代理人	代理人	代理人

出典：各国法規を基に筆者作成。
※台湾では法的責任は台湾国内の製造者・輸入者にある。
※中国は既存化学物質の登録制度はないが代理人制度はある。

　通常、登録する主体はその法律を公布・施行している国の「人」になります。当たり前の話かもしれませんが、ある国で施行している法律はその国の主権が及ぶ範囲で有効ですので、例えばEUの化学物質管理規則であるREACH規則では、EU域内の法人や自然人が基本的に登録の主体となります（ただし日本の化審法の通常届出のように海外製造者などの届出が認められている場合があります）。

　例えば、日本の企業が化学物質をEU域内に輸出する場合、EUの法律であるREACH規則の下で当該化学物質を登録することが必要ですが、日本企業はこれができません。REACH規則では登録の義務は、製造者・輸入者などに課せられていますので、登録するのはその化学物質の輸入者であるEU域内の企業ということになるでしょう。輸入者による登録が完了すれば、輸入を開始することができます。

　これを踏まえると唯一の代理人制度が有用となるのは、登録すべき化学物質の特定情報を輸入者に開示できない時です。実際に「唯一の代理人」制度がどのように利用されるか、混合物の例をとって次項で説明します。

⑤混合物の製造・輸入

　混合物を輸出／輸入する場合は、その成分物質がすべて登録されていることが必須です。これは、化学物質管理規則の管理単位は単一物質であり、このため、単一物質である成分物質ごとに既存化学物質であることが必要となるからです。たとえ成分の特定情報が開示されなくとも最小限その国の既存化学物質であるかどうかだけでも確認できれば、化学物質管理規則へのコンプライアンスは確保できる可能性があります。

　しかし、REACH規則では既存化学物質でも製造者・輸入者ごとに登録しなければならないので、製造者（輸出者）側の新規化学物質か既存化学物質かの確認だけでは十分とはいえず、REACH規則下では混合物の輸入のためにはすべての成分の特定情報やデータを入手して登録することが必須になります。

　製造者（輸出者）側で全成分の特定情報を輸入者側に開示することに障害

がなければ問題はありません。単一の化学物質の場合と同じように、成分化学物質それぞれについて輸入者は登録手続きを開始することが可能です。

しかし、輸入者が登録に必要な情報を入手できない場合も多くあり、例えば製造者のノウハウや特許に係る企業秘密として開示されないことも特別なことではないと思われます。

そこで用意されたのが唯一の代理人制度ということになります。この制度の利用によって、製造者（海外からの輸出者）側は唯一の代理人を指名して混合物の成分情報を開示し、代理人がその登録を実施し輸入者の法的責任を引き受けることでこの課題は解決できます。輸入者は、代理人に自身の存在を知ってもらい、代理人の法的責任の下に輸入が可能になります。

（3）化学物質のリスク管理　～化学物質の安全使用

化学物質のリスク管理の目的は、化学物質のライフステージ（第1章3（1）参照）を通して人の健康と環境を保全するためです。

製造・使用・最終製品・廃棄という化学物質のライフステージでは、製造段階については化学物質管理規則下での登録・審査により、使用段階については主に労働安全衛生法等で、また、最終製品ではその最終製品に係る法令によって、廃棄段階では廃棄関連法規によって安全が担保されています。この中で使用段階では、その用途・方法が多岐にわたっており、また、製造段階とともに化学物質の直接のばく露を受けやすい段階でもあるので、個別の使用用途・方法についてリスク管理の要求が特に強いと考えられます。

労働者保護という観点では、労働安全衛生関連の法律が施行・運用されており、施策としてはSDS・ラベルの作成・配布や化学物質の使用にあたってのリスク管理を規定していることが各国でみられます。化学物質の職場での使用は、その使用用途が一定ではなく、使用方法も様々であるので、使用用途・方法ごとにリスク評価を実施してその結果に基づきリスク管理を実施して安全を担保することが必須です。

一方、化学物質の使用用途が明確でかつ特化された法律としては農薬（農薬取締法）、医薬品（薬機法）、食品添加物・食品接触材料など（食品衛生法）

を挙げることができますが、これらはそれぞれの法規の中ですでに高度なリスク管理の仕組みを持っており、これらの法規の枠組みの中で指定された化学物質は指定された時点で使用方法が限定され、効果・性能とともに安全性が担保されているとしてよいでしょう。

　また、最終製品に含有している化学物質については、リスクの高い化学物質は規制物質に指定する等によって、その使用を限定したり届出義務を課したりといった方策がとられており、これらはリスク管理の一環と見ることができるでしょう。

　以上を踏まえてこの項では、日本では 2016 年から労働安全衛生法でリスクアセスメントが義務化されているということもあり、作業環境での化学物質のリスク管理について説明します。

①化学物質のリスク管理

　リスク管理の概要については、すでに第2章6（4）でご説明したように、リスクそのものは以下のように表すことができます。

リスク ＝ 　ばく露量 　×　 ハザード

　リスク管理の実践を考えるときもこの式を原則として守り、その要素であるばく露量とハザードを検討してリスク評価（リスクアセスメント）を実施して実際のリスク管理の方法を確立します。

②ばく露量　〜使用用途・方法

　化学物質のばく露量は、使用にあたって排出された化学物質の人・環境へ影響しうる数量であることから、その程度はどのように使うかといったことに直接関係するでしょう。1つの化学物質に複数の用途があり、さらに1つの用途には様々な方法で使用されることが普通にみられます。使用用途・方法によって化学物質のばく露量がそれぞれ違ってくることは不思議なことではありません。

　例えば同じ塗料でもローラーで塗るか、スプレー噴霧するかでも塗料中の溶剤などの作業者や環境排出へのばく露量は変わってくるでしょう。

図表3-13　同じ塗装作業でもローラー塗装とスプレー塗装では、ばく露量
　　　　　が違う

　ばく露量は使用用途・方法によって変動し、加えて作業環境によっても差があるものになるので、作業の内容、環境ごとにばく露量を把握することは、リスク管理のための第一歩となります。ばく露量を把握する方法として、実際の作業環境で実測することは基本的で単純な方法ですが確実な手段といえるでしょう。

　一方で、実際には多種類の化学物質を同時に同一の作業場で発生させていることが多いので、単一物質ごとに単純な実測を積み上げていく方法は煩雑で困難な場合もあります。そこで様々な方法が考案されていますが、多くは作業方法・環境などによるばく露量の推計と化学物質の危険有害性からリスクを推定するものです（後述「④リスク評価（リスクアセスメント）」）。

　ばく露量に関係する因子として使用用途・方法は、ばく露量への影響が大きいためもあり、化学物質管理規則では使用用途による管理が重視されています。代表的な例として化審法とREACH規則について紹介します。

　化審法の下で用途情報はあらかじめ設定・整理されており、それぞれ用途番号、用途分類、排出係数が定められています。

　排出係数は、化学物質の取扱量等に対する排出量の割合とされており、環境への排出量を推計するために用いられます。用途分類ごとに予め排出係数が設定・公開されていることは、世界の化学物質管理規則の中でも化審法の特徴の1つといえるかもしれません。

図表 3-14　用途番号、用途分類、係数一覧

用途番号	用途分類	係数
101	中間物	0.004
102	塗料用、ワニス用、コーティング剤用、インキ用、複写用又は殺生物剤用溶剤	0.9
103	接着剤用、粘着剤用又はシーリング材用溶剤	0.9
104	金属洗浄用溶剤	0.8
105	クリーニング洗浄用溶剤	0.8
106	その他の洗浄用溶剤（104 及び 105 に掲げるものを除く。）	0.8
107	工業用溶剤(102 から 106 までに掲げるものを除く。)	0.4
108	エアゾール用溶剤又は物理発泡剤	1
109	その他の溶剤（102 から 108 までに掲げるものを除く。）	1
110	化学プロセス調節剤	0.02
111	着色剤（染料、顔料、色素、色材等に用いられるものをいう。）	0.01
112	水系洗浄剤（工業用のものに限る。）	0.07
113	水系洗浄剤（家庭用又は業務用のものに限る。）	1
114	ワックス（床用、自動車用、皮革用等のものをいう。）	1
115	塗料又はコーティング剤	0.01
116	インキ又は複写用薬剤	0.1
117	船底塗料用防汚剤又は漁網用防汚剤	0.9
118	殺生物剤（成形品に含まれるものに限る。）	0.04
119	殺生物剤（工業用のものであって、成形品に含まれるものを除く。）	0.2
120	殺生物剤（家庭用又は業務用のものに限る。）	0.4
121	火薬類、化学発泡剤又は固形燃料	0.02
122	芳香剤又は消臭剤	1
123	接着剤、粘着剤又はシーリング材	0.02
124	レジスト材料、写真材料又は印刷版材料	0.05
125	合成繊維又は繊維処理剤	0.2
126	紙製造用薬品又はパルプ製造用薬品	0.1

127	プラスチック、プラスチック添加剤又はプラスチック加工助剤	0.03
128	合成ゴム、ゴム用添加剤又はゴム用加工助剤	0.06
129	皮革処理剤	0.02
130	ガラス、ほうろう又はセメント	0.03
131	陶磁器、耐火物又はファインセラミックス	0.1
132	研削砥石、研磨剤、摩擦材又は固体潤滑剤	0.1
133	金属製造加工用資材	0.1
134	表面処理剤	0.1
135	溶接材料、ろう接材料又は溶断材料	0.03
136	作動油、絶縁油又は潤滑油剤	0.02
137	金属等加工油又は防錆油	0.03
138	電気材料又は電子材料	0.01
139	電池材料（一次電池又は二次電池に用いられるものに限る。）	0.03
140	水処理剤	0.05
141	乾燥剤又は吸着剤	0.09
142	熱媒体	0.08
143	不凍液	0.08
144	建設資材又は建設資材添加物	0.3
145	散布剤又は埋立処分前処理薬剤	1
146	分離又は精製プロセス剤	0.1
147	燃料又は燃料添加剤	0.004
199	輸出用のもの	0.001

出典：平成 30 年 9 月 14 日厚生労働省・経済産業省・環境省告示第 12 号

　環境排出の管理に主眼を置いたものになりますが、作業場などでの化学物質へのばく露について、一定の参考にはなるでしょう。

　次に REACH 規則における使用用途の取扱いについて記します。

　REACH 規則において使用用途は、ばく露シナリオの要素であるだけではなく、登録ドシエ（登録文書）の重要な項目でもあります。登録ドシエに記載されていない用途では、その化学物質は使用できないことになっています。

ばく露シナリオは、具体的にどのような使用条件の下でどのように化学物質が放出されるか、人へのばく露量や環境への放出がどの程度になるか記述するもので、その作成はREACH規則では義務とされる場合もあります。登録ドシエに設定された使用用途に沿って化学物質を使用すれば、安全使用が担保されると考えられます。反対に登録ドシエに記載されていない用途・使用は「物質が登録されていないことと同様」にみなされ、安全使用が担保されないばかりではなく遵法されていない状態になるといえるでしょう。

　また、登録ドシエには、化学物質のばく露限界値としてDNEL（Derived No Effect Level；導出無影響量）（第2章6（4）①参照）が使用用途との組み合わせで記述されます。

　設定された用途以外では、想定外のばく露が発生する可能性があり、端的にいえば安全使用という点について疑わしい状態になり、このような状態は避けなければなりません。

　使用用途は、用途カテゴリーごとに分類されており、各用途カテゴリーについて、用途記述子（Use descriptor）というあらかじめ用意されている文言を当てはめて記述します。

　以下に用途記述のカテゴリーを示します。

図表3-15　用途記述のカテゴリー

Use descriptor category	用途記述カテゴリー
Life cycle stage (LCS)	ライフサイクルステージ
Sector of use (SU)	市場領域記述子
Product category (PC)	製品タイプ
Process category (PROC)	プロセスカテゴリー
Environmental release category (ERC)	環境放出カテゴリー
Article category (AC)	成形品タイプ
Technical function (TF)	技術機能

※翻訳は筆者による（意訳含む）。

詳細は ECHA より発行されているガイダンス文書を参照ください。

【参考】ECHAウェブサイト「Guidance on Information Requirements and Chemical Safety Assessment Chapter R.12: Use description Version 3.0 - December 2015」
https://echa.europa.eu/documents/10162/13632/information_requirements_r12_en.pdf/ea8fa5a6-6ba1-47f4-9e47-c7216e180197

実際の登録ドシエに示されている DNEL と用途についての記述については、以下の URL から NMP の登録ドシエを参照ください。

【参考】ECHA ウェブサイト 「1-methyl-2-pyrrolidone」
https://echa.europa.eu/registration-dossier/-/registered-dossier/15493/3/1/4

③ハザード　～許容量

　リスク評価のもう 1 つの要素であるハザード（危険有害性）は、基本的に使用する化学物質のハザードを特定して、許容量の基準になるものです。

　下に許容量として代表的な指標を示します。

図表 3-16　代表的な許容量の指標

■DNEL（Derived No Effect Level　導出無影響量）

NOAEL（No Observed Adverse Effect Level 無毒性量）を不確実係数で割ったもの。不確実係数は使用方法などによる。不確実係数が大きいほど不安全な使用方法となる。REACH 規則で用いられる。

■ACGIH（American Conference of Governmental Industrial Hygienists　米国産業衛生専門家会議）

ACGIH が公表している化学物質の許容濃度値（TLV：Threshold Limit Values）及び生物学的モニタリングの指標（Biological Exposure Indices）を公表

■産衛学会　許容濃度

労働者の健康障害を予防するための手引きに用いられることを目的として、日本産業衛生学会が勧告

（再掲）第 2 章 6（4）①より

NMP のこれらの値は以下の通りです。

DNEL：14.4mg/m^3（AF = 12.5）（吸入ばく露）（※ 1）

日本産衛学会（2015 年度版）：1 ppm（4 mg/m^3）（※ 2）

ACGIH（2015 年版）：未設定　（※ 2）

（※ 1）ECHA ウェブサイト「Toxicological Summary」より
　　　　https://echa.europa.eu/registration-dossier/-/registered-dossier/15493/7/1
（※ 2）厚生労働省ウェブサイト「職場のあんぜんサイト」SDS より
　　　　https://anzeninfo.mhlw.go.jp/anzen/gmsds/872-50-4.html

これらは定量的な値でそのままリスク評価に使用することができます。

ただし、このように明確な値が提示される化学物質はそれほど多くはありません。

許容量そのものの他にハザードに関する有力な情報源は、SDS です。

定量的な許容量が設定されていない化学物質でも、そこに記載されている
GHSのハザード分類項目に従ったGHS分類は参考になるでしょう（例え
ば図表2-6）。またGHS分類のほかにもSDSの9項の物理的及び化学的
性質、10項の安定性及び反応性及び11項の有害性情報にデータが記載さ
れていれば役に立つことと思われます。

④リスク評価（リスクアセスメント）

　実際の作業でのばく露量とハザードが把握できれば、リスク評価（リスク
アセスメント）を実施してリスク低減措置を策定し、これに基づいてリスク
管理をします。リスク管理によって許容量以内のばく露で作業できる「化学
物質の安全使用」が実現できなければなりません。

　許容量以上のばく露が判明した場合は、作業手順や環境、設備、保護具な
ど含むばく露シナリオを検討して許容量未満のばく露量が確認できればリス
ク評価の目的は達成できたといえます。

図表3-17　リスク評価　模式図

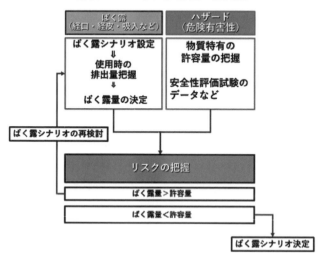

（再掲）第2章6（4）①より

　ばく露シナリオは、使用に関するあらゆる条件を含むものです。ばく露シナリオの概念図を以下に示します。

図表3-18　ばく露シナリオの概念

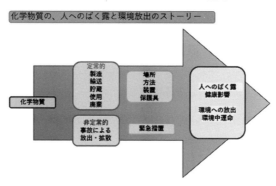

　許容量が判明していれば、以上のようにリスク評価が可能ですが、必要なデータが揃わない場合も少なくないでしょう。また、ばく露量は、実際の作業環境での実測値を用いることになりますが、これも必要な化学分析などが困難なことが少なくありません。そのために様々なリスクの推計手法が提案されています。

　以下にリスク推計手法として厚生労働省のパンフレットに紹介されているものを一部引用して示します。

図表3-19　リスク推計手法

マトリクス法	発生可能性と重篤度を相対的に尺度化し、それらを縦軸と横軸とし、あらかじめ発生可能性と重篤度に応じてリスクが割り付けられた表を使用してリスクを見積もる方法
コントロール・バンディング	化学物質リスク簡易評価法（コントロール・バンディング）などを用いてリスクを見積もる方法
あらかじめ尺度化した表を使用する方法	対象の化学物質などへの労働者のばく露の程度とこの化学物質などによる有害性を相対的に尺度化し、これらを縦軸と横軸とし、あらかじめばく露の程度と有害性の程

	度に応じてリスクが割り付けられた表を使用してリスクを見積もる方法
実測値による方法	対象の業務について作業環境測定などによって測定した作業場所における化学物質などの気中濃度などを、その化学物質などのばく露限界（日本産業衛生学会の許容濃度、米国産業衛生専門家会議（ACGIH）の TLV-TWA など）と比較する方法

出典：厚生労働省ウェブサイト「労働災害を防止するためリスクアセスメントを実施しましょう」を基に筆者作成。
https://www.mhlw.go.jp/file/06-Seisakujouhou-11300000-Roudoukijunkyokuanzeneiseibu/0000099625.pdf

　労働安全衛生法でリスクアセスメントが義務化されたことに伴い、リスク評価手法として、厚生労働省からコントロール・バンディングが推奨されています。

　以下にその特徴などを示します。

図表3-20　コントロール・バンディング

◆特徴
- 労働者の化学物質へのばく露濃度等を測定しなくても使用できる。
- 許容濃度等、化学物質のばく露限界値がなくても使用できる（粉じん等が生ずる作業は値設定が必要）。
- 化学物質の有害性情報は必要。

◆手法
- 作業条件等の必要な情報を入力すると、化学物質の有害性とばく露情報の組み合わせに基づいてリスクを評価し、必要な管理対策の区分（バンド）が示される。
- バンドに応じた実施すべき対策及び参考となる対策シートが得られる。

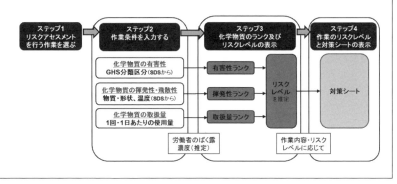

出典：厚生労働省ウェブサイト「職場のあんぜんサイト」
https://anzeninfo.mhlw.go.jp/user/anzen/kag/ankgc07_1.htm

　コントロール・バンディングも含め、これらリスク評価手法では、対象となる化学物質のハザードが不明な場合はそのハザードを最大限のものと仮定してリスク評価結果の安全率を高める手法をとっているものもあり、推計手法の内容を十分に理解し、得られた結果をどのようにフィードバックしてリ

スク低減策に組み込むか、また実際にリスクの低減ができるのかなど慎重な
検討を要することもあると考えられます。

　推計手法を無批判に採用するのではなく、まず、実測値に基づいたリスク
評価の実施をスタート地点として検討すべきであり、どうしてもこれができ
ない場合についてリスク評価手法を採用するといったことを考慮する、と
いったスタンスでのぞむことがよいでしょう。

⑤ REACH 規則における登録後管理と使用用途

　REACH 規則において登録ドシエには物質の特定情報や毒性情報などとと
もに用途情報も記載されており、登録ドシエに記載されていない用途では、
その化学物質は使用できないことになっていることは②で触れた通りです。

　川下使用者（ダウンストリームユーザー）は、化学物質の登録完了後、自
身の使用用途が登録ドシエに含まれているかどうか、確認しなければなりま
せん。もし、自身の使用用途が登録ドシエに記載されていない場合や、また
登録ドシエに記載された用途以外での使用を望む場合は、川下使用者として
自身で化学物質安全性報告書（Chemical Safety Report；CSR）を作成
しなければなりません。そのために自身の独自となる用途についてはリスク
アセスメントを実施してばく露シナリオを設定し、適切な DNEL を指定す
る必要があるでしょう。

　REACH 規則ではこのような川下使用者の義務は「第Ⅴ篇　川下使用者」
に定められており、次の３つの条文から構成されています。

第37条　川下使用者の化学物質安全性評価及びリスク軽減措置の特定、適
　　　　用、推奨義務

第38条　川下使用者が情報を報告する義務

第39条　川下使用者の義務の適用

　ポイントは以下の通りです。

・　川下使用者は自身の用途を製造者・輸入者など化学物質の供給者に情報
　　提供する権利がある。提供する情報は用途に関するばく露シナリオなど

を作成することができるよう、十分なものでなければならない。

- 川下使用者の用途が登録ドシエに含まれない場合は、自身でばく露シナリオを作成し化学物質安全性評価を実施して CSR を提出する。
- 川下使用者は SDS 記載の REACH 登録番号を確認してから 6 カ月以内に CSR を作成する旨を ECHA に報告する。
- 川下使用者は SDS 記載の REACH 登録番号を確認してから 1 年以内に CSR を作成し登録ドシエに含まれるようにする。
- 川下使用者が、年間 1 トン未満の総量でその物質または混合物を使用している場合であっても、REACH 登録番号が入手できた場合、6 カ月以内に物質特定情報、輸入者・製造者・供給者、用途を ECHA に届ける。

　川下使用者のアクションの流れとしては、REACH 登録番号が記載されている SDS を受領したら、すみやかに登録ドシエを閲覧して自社用途記載の有無を確認することになります。SDS か eSDS の体裁があり、ばく露シナリオが附属していれば、これを確認すればよい場合もあると思われます。

　REACH 登録番号は、2018 年 5 月をもって段階的導入物質の登録猶予期間が終了したことから、原則的に EU 域内で流通しているすべての化学物質に付与されていると思われます。最初の一歩は REACH 登録番号の記載された SDS の入手からになるでしょう。

（4）成形品の法規対応

①定義

　成形品はいわゆる最終製品を意味しますが、化学物質管理規則に規制対象として本格的にクローズアップされたのは REACH 規則からといってよいでしょう。それでは成形品の定義はどのようなものでしょうか。

　化学物質管理規則は、その対象物を化学物質、混合物、成形品に区別して、適切な手続きや規制を定めています。そのために、それぞれに確固とした定義が必要になります。

　化学物質と混合物はまとめて化学品と呼ぶこともありますが、これらにつ

いては化学物質としてのリスク管理が要求され、化学物質の登録、危険有害性の情報伝達などが義務とされています。さらに、ある一定の基準によってハザードを有する物質については規制物質に指定することで、また、製造・輸入・使用等にあたっては、制限条件を設けたり認可が要求されたりすることがあります。また、著しいハザードを有する物質は必要に応じて製造・輸入が禁止されることもあります。

　一方、成形品は、概念としては身の回りの部品・最終製品のことですが、法規上の管理の方法は化学物質・混合物とは異なり、含有する規制物質を規定値未満に管理する、規制物質を把握してこれを所管官庁に届出する、さらにサプライチェーンに情報伝達すること等が主なアクションとされています。

　このように化学物質・混合物と成形品では化学物質管理規則によって課される義務が異なるということもあって、法遵守する上でこの２つを互いに明確に分ける必要があるでしょう。

　それでは化学物質管理規則での成形品の定義はどのようなものでしょうか。

　まず JIS と GHS を確認してみましょう。

　以下に「JIS Z7201：2017 製品含有化学物質管理－原則及び指針」の定義を示します。

成形品（article）製造中に与えられた特定の形状，外見又はデザインが，その化学組成の果たす機能よりも，最終使用の機能を大きく決定づけているもの。

注記　成形品の例として，金属の板材，歯車，集積回路，電気製品，輸送機器などがある。

　GHS の国連 GHS 勧告文書では成形品の記述は、米国連邦法（29 CFR 1910.1200）の定義を借りています。

1.3.2.1.1　GHS は、純粋な化学物質、その希釈溶液、化学物質の混合物に適用する。米国労働安全衛生局（Occupational Safety and Health Administration）の危険有害性周知基準（29 CFR 1910.1200）及び同様の定義項目に定められている「成形品（Article）」は、本システムの範囲から除外される。

※翻訳は筆者による。

　そこで米国の連邦法を確認すると以下のように記述されていることがわかります。

　（c）定義
" 成形品 " とは、（i）製造過程において一定の形状あるいはデザインに成形される（ii）全体的あるいは部分的に最終使用の形状やデザインに依拠する最終使用用途における機能を持つ（iii）通常の使用条件下において非常に少量、例えば（このセクションの項目（d）に定められているように）微量あるいは痕跡量を超えては危険有害化学品が放出せず、かつ、従業員に危険有害性あるいは健康上の危険を及ぼさないところの、液体あるいは粒子以外の製造品を意味する。

※翻訳は筆者による。

　それでは法規ではどのような定義になっているでしょうか。REACH 規則での定義を見てみましょう。

【REACH 規則第 3 条 3】
成形品とは、生産時に与えられる特定な形状、表面またはデザインがその化学組成よりも大きく機能を決定する物体をいう。

※翻訳は筆者による。

これらの定義では、化学物質としての性状に注目することはなく、形状、表面、デザインがより重要なものが成形品ということになります。

②化学品（化学物質・混合物）と成形品の区別

（1）区別の必要性

上に述べた定義に基づいて化学品（化学物質・混合物）と成形品の区別について吟味してみましょう。

まず、自動車、パソコン、電子部品をこの定義に照らし合わせてみると成形品として理解することに抵抗はないと思います。これらは典型的な成形品の例といえるでしょう。

図表 3-21　典型的な成形品の例：自動車・パソコン・電子部品が搭載されたモジュール

このような典型的な成形品では、化学物質管理規則がどのように適用されるか判断して、適切な対応のスキームを構築すること自体に大きな困難はなく、成形品としての法規対応をとればよいことになります。この法規対応では成形品に含有している規制対象物質をサプライチェーン上の情報交換等により把握する必要がありますが、困難さはむしろこの点にあるのではないでしょうか。

次に塗料の例を見てみましょう。塗料そのものは混合物であって成形品ではありませんから、各成分物質を化学物質として法規対応することが必須です。塗装する工程で、塗装される対象物に塗料が硬化した塗装被膜が形成されますが、この塗装被膜は化学品か成形品か、どちらと判断できるでしょう

か。

　塗装被膜は、塗装される物体の保護やその色や手触り、光沢などの風合いがその主な機能となりますから、上記定義「生産時に与えられる特定な形状、表面またはデザインがその化学組成よりも大きく機能を決定する物体」に合致すると考えられ、成形品と考えてよいでしょう。

　このように塗料では、塗装工程前では混合物として主に化学物質の法規対応が、塗装工程後では主に成形品の法規対応が必要になるといえるでしょう。

図表 3-22　塗装工程

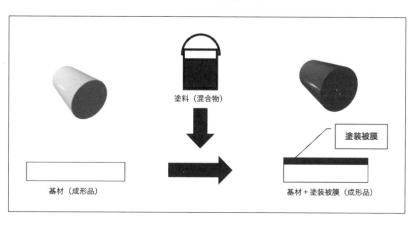

（2）化学品から成形品への変換工程

　大事なポイントは、ここに挙げた塗装工程では、「塗料」という混合物から「塗装被膜」という成形品への変換工程が含まれることです。

　化学品である混合物や素材の加工によって成形品を製造する時にこの変換工程は必ず含まれますが、どの工程を変換工程とするかでその前の工程までは化学品、その後の工程では成形品と区別できることになります。混合物と成形品の区別ができれば、化学物質管理規則に対してどのような対応が必要か明確にできます。

　化学品とするか、成形品とするかで具体的な法規対応は大きく変わります。

REACH 規則の場合での比較ですが、化学品ならば混合物の成分物質はすべて登録する必要があり、さらに登録後の管理も要求され新しいデータがあれば登録内容を更新することも必須です。SDS を発行して川下使用者に配布し、年間の製造・輸入量も管理することになります。一方、成形品と判断できる場合の法規対応は、意図的放出物の登録と規制対象物質の含有状況の届出で、化学品の場合と比べて化学物質管理規則対応の負担は少ない傾向にあるといえるでしょう。

　このように、化学物質管理規則への対応は、化学品（化学物質もしくは混合物）か成形品かによって手続き・コスト等が大きく変わってくることもあり、この判断はそれ以後の法規対応の大きな岐路になるでしょう。

　この区別を最初に判断するのは対象となる物体を製造・販売する当事者（利害関係者）になります。これが製造者の場合で化学品から成形品に変換する加工等の実施者ならば、自身の化学物質管理規則への対応方法を決めるためにもこの判断を下すことは必須です。また、サプライチェーンの川下使用者にこの判断の結果を伝える必要があることも多いと考えられます。川下使用者もまた、製造者の判断に基づき、自身の考え方を反映させて法規対応への態度を明確にすることになります。

　輸入者の場合には、当該国の法規にどのように対応するか決めるために化学品か成形品かを把握する必要があり、物体の製造者の判断情報によって自身で明確に決めることが必要です。

　このように考えていくと、サプライチェーンに関わるすべてのプレーヤーは自身の製造・販売する物体が化学品か成形品かをしっかり把握しておかなければならないことがわかってきます。これは化学物質管理規則への対応を始めるときの最初の一歩でもありますが、無意識のうちにこれを行っていることも多いかもしれません。また自身が判断して終わり、ではなく、それをサプライチェーンに伝達する必要があることもわかります。そのためには、単一化学物質の製造から始まり、混合物・素材を経て成形品になる過程で、自社のサプライチェーンでの立ち位置を意識することの重要性が再認識されるのではないか、と思われます。

図表 3-23　化学物質から成形品へ　ポイントになる変換工程

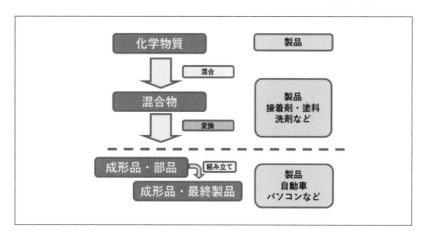

（3）区別の結果について

　それでは化学品か成形品かの判断が正しいかどうか、どのように担保すればよいか気になるところかもしれませんが、結論としては、結果的に自身の判断は自身で責任を持つことになります。

　国ごとの慣習による差もあり、法規対応の判断に迷うようなケースでは行政府である所管官庁に相談して合意形成していく場合がある一方で、行政府は判断材料を提供するものの企業等の判断に基本的にまかされている場合もあります。

　日本や中国、台湾はどちらかというと前者であることが多いように感じますが、欧米は後者である傾向があります。後者の場合は、端的にいえば企業等が自身に都合よく法令を解釈して対応方針を決めることもできますが、結果についての責任分担は大きなものになる可能性があります。また、どうしても判断に迷うような場合は裁判所に裁可を仰ぐことも、それほど特別なことではありません。

　化学品か成形品かの判断が必要とされる法規の代表格は REACH 規則や米国カリフォルニア州州法であるプロポジション 65 なので、後者の考え方を求められることが多いのではないでしょうか。結果についての責任分担も

前述の通り小さくないかもしれませんので、判断するにあたっては、法規条文等の文章上の解釈に拘泥することなく、たとえ成形品とみなせる場合でも製品の「化学物質としてのリスク」を意識していく必要があるでしょう。

③成形品の規制
　成形品の規制は具体的にどのようなものか、ここでは REACH 規則と RoHS 指令について概要を示します。

■ REACH 規則
意図的放出物の登録

　成形品から意図的に放出される化学物質で、放出されないと成形品として機能しないものを意図的放出物と呼び、物質としての登録が要求されます。例としては香り付き消しゴムの香り成分が ECHA より挙げられています。

成形品中に含有する認可対象候補物質リスト収載の高懸念物質

　成形品中に含有する認可対象候補物質リスト収載の高懸念物質で以下の条件に合致する場合は届出が要求されます。
　　・年間 1 トンを超え、かつ成形品中に 0.1％を越えて存在するもの
　　・期限：対象指定より 6 カ月以内
　※ただし使用方法が登録文書に記述されている場合、届出は不要とされている。

情報開示

　情報開示要求があった時は、成形品中に含有する候補物質リスト収載の高懸念物質が成形品中に 0.1％を越えて存在する場合は、45 日以内に開示する。

■ RoHS 指令
　RoHS 指令は、対象となる有害物質を含有する電気電子機器を規制する EU 指令です。次の表に対象となる有害物質を示します。

図表 3-24　RoHS 指令の対象となる有害物質

物質	最大許容値（%）	適用開始日
鉛（Pb）	0.1（1,000ppm）	2006 年 7 月 1 日
水銀（Hg）	0.1（1,000ppm）	
カドミウム（Cd）	0.01（100ppm）	
六価クロム（Cr^{6+}）	0.1（1,000ppm）	
ポリ臭化ビフェニル（PBB）	0.1（1,000ppm）	
ポリ臭化ジフェニルエーテル（PBDE）	0.1（1,000ppm）	
フタル酸ビス（2- エチルヘキシル）（DEHP）	0.1（1,000ppm）	2021 年 7 月 22 日 カテゴリー 8（医療機器） カテゴリー 9（監視・制御機器） 2019 年 7 月 22 日 その他のカテゴリー
フタル酸ブチルベンジル（BBP）	0.1（1,000ppm）	
フタル酸ジブチル（DBP）	0.1（1,000ppm）	
フタル酸ジイソブチル（DIBP）	0.1（1,000ppm）	

　対象となる電気電子機器の含有する規制物質の最大許容量がクリアされており、RoHS 指令に適合していることを示すために適合宣言書を作成し CE マークを電気電子機器に貼付する必要があります。

　REACH 規則、RoHS 指令ともに指定された物質が成形品に含有する場合を規制するものですが、化学物質管理の観点から注意したい点は、REACH 規則では設計上で含有させている化学物質が対象となる一方で、RoHS 指令では例えば意図せず含有した場合なども規制の対象になる点です。

ここでは EU の法律である REACH 規則と RoHS 指令を例として説明しましたが、成形品の規制としては世界共通のモデルとして考えてよいと思います。

④成形品の規制に対応するのは誰か

　日本で製造した成形品を日本から輸出して EU 域内に輸入する、という場合を考えてみましょう。

　EU 域内の法遵守の義務は EU 域内の輸入者に課せられるものですが、それでは日本側の製造者の成形品の規制対応はどのようなものになるでしょうか。日本の製造者は EU 域内における法遵守の義務を持たないとしても、その義務のある EU 域内の輸入者が法遵守できるように必要な情報を提供することが主になるでしょう。必要な情報とは、前項からもわかるように、成形品に含有する規制物質を中心とする情報ということになります。この場合、日本の製造者にとっては EU 法規の遵守のための情報提供は任意のものになるということに注意が必要です。

　「日本の製造者は、REACH 規則の成形品の規制への対応は必須かどうか」という質問に対しては、EU 域内の輸入者という EU の法律を遵守すべき当事者でないかぎり、「必須ではない」という回答になります。

　サプライチェーンで典型的に見られる例として、日本の製造者（部品メーカー）が日本国内でその製品である部品を最終製品メーカーに販売し、最終製品メーカーは購入した部品を用いて最終製品を組み立てて EU へ輸出する場合を挙げることができます。この最終製品を輸入する EU 域内の企業にとって、成形品中の含有規制物質の情報は REACH 規則の遵守のために必須なものとなります。したがって最終製品メーカーにとっても成形品中の含有規制物質の情報の入手は、その情報伝達のため必須となります（次図）。

　ただし EU 域外での情報伝達は、法的な強制力が働くようなものではないので、販売契約などでの企業間の「取決め」ということになるでしょう。

図表 3-25 EU 域外企業から、EU 域内企業への情報伝達

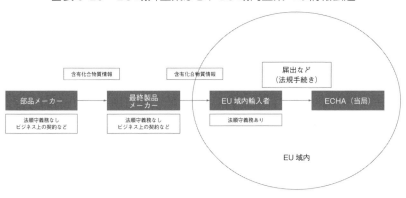

⑤規制物質増大への対応

　REACH 規則対応の大きな課題として規制物質が増大していることがよくいわれていると思います。REACH 規則の認可対象候補物質は半年に 1 回のペースで新規追加されており、その度に製品に含有する規制物質の含有調査と顧客への情報提供などの対処が必要になっています。効率よく対処したいところですが、なかなかうまい手はないと思います。

　ここで、化学物質管理規則における成形品の規制の本質は何か考えてみたいと思います。成形品についてもその規制の目的は、化学物質や混合物と同じく、製造─使用─廃棄といったライフステージを通して人・健康や環境への影響を管理して安全に使用することを目的とするといってよいでしょう。それならば成形品全体を化学物質として捉え、これを構成する化学物質すべてを明確にし、使用や廃棄にあたってばく露する化学物質も掌握すれば、法規による規制物質がどんなに増えても困ることはなさそうですが、これはほとんど不可能でしょう。

　次にありそうなのは、成形品を構成するすべての化学物質とまでいかなくても、ばく露する化学物質を規制物質かどうかに関わらず把握しておく、ということも考えられるかもしれませんが、技術的ハードルも高くコストも大きいと思われます。

このように考えてみると、REACH規則の認可対象候補物質への要求にあるような指定された規制物質が含有しているかどうかを把握することは比較的妥当と言えるのかもしれません。

現時点では効率的な対処というより規制物質動向の情報を収集するなどの地道な活動に重点を置かざるを得ないと考えますが、一方では「本質」を目指して自社製品を構成する化学物質の把握に努めることなども考えられるでしょう。

(5) GHSとSDS・ラベル

化学品（化学物質・混合物）の安全な取扱いのために伝達される必要がある情報として化学品の危険有害性・安全使用・輸送・廃棄等が挙げられますが、情報伝達の手段として SDS とラベルが広く用いられています。2003年に国連で GHS 勧告文書が発行されて以来、これに基づき各国でラベルとSDS の作成にあたっての標準の整備が推進されてきました。日本では SDSとラベルを規定した法律として化管法、労働安全衛生法が主なものとして挙げられますが、具体的なラベルと SDS の作成の手引きとなる標準は JIS で定められています。

① GHS トレーニング

このように SDS とラベルは情報伝達ツールの世界標準となっています。わかりやすい情報伝達を目的としてつくられている GHS の表記とはいえ、SDS を読む際にはその理解のためには一定のトレーニングが大切となるでしょう。

GHS の要素は、注意喚起語、絵表示、危険有害性情報（H コードなどとも呼ばれる）、注意書き（P コード）ですが、少なくともこの4つの要素について一度目を通しておくだけでも GHS への理解は深まると思います。例えば絵表示は以下の9種類が定められていますが、この絵表示について、その名称とどのような危険有害性と関連付けられているかを確認することは役に立つでしょう。以下に GHS で使用される9種類の絵表示を示します。

図 3-26　GHS で使用される 9 種類の絵表示

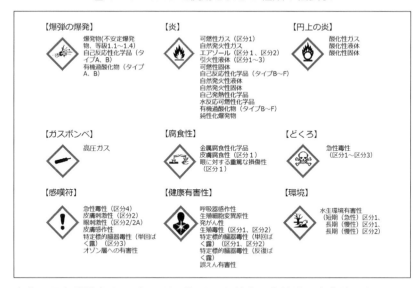

出典：厚生労働省ウェブサイト「―GHS 対応―化管法・安衛法におけるラ
　　　ベル表示・SDS 提供制度（令和 4 年 10 月版）」
　　　https://www.mhlw.go.jp/new-info/kobetu/roudou/gyousei/
　　　anzen/130813-01.html
　　　（再掲）第 2 章 4 より

　日本の SDS 制度ではトレーニングの義務付けやその記録の保持は定めら
れていませんが、OJT（オン・ザ・ジョブ・トレーニング）的な運用だけ
では系統的な理解は望めないと思われます。GHS は労働安全衛生法のリス
クアセスメントの義務を果たし化学品の安全使用のための基本知識ともいえ
ますので、GHS を役立つものにするためにはトレーニングは重要です。

　米国での SDS 関連法規は、いわゆる HCS（Hazard Communication
Standard）ですが、その中では従業員に対するトレーニングの義務が明確
に記述されています。

　以下のように米国 HCS の目的には、すでに「従業員トレーニング」が実
施運用のための手段として盛り込まれています。

（a）目的

このセクションの目的は、製造あるいは輸入されるすべての化学品が分類され、その分類された危険有害性に関する情報が雇用者と従業員に伝わることを確かにすることである。このセクションの要求は、GHS 第3版の条項に従うこととする。情報の伝達は、包括的な危険有害性情報プログラム（容器ラベル付け及び他の形態の警告、SDS、従業員トレーニングなど）によって遂行されるものである

出典：米国労働省ウェブサイト「Hazard Communication」を基に筆者翻訳。
https://www.osha.gov/hazcom/HCS-Final-RegText

従業員トレーニングは上記からわかるように、HCS での包括的な危険有害性情報プログラムの要素の 1 つとして重要な位置付けにあります。

さらに特に項目を立てて（h）として以下の記述があります。

（h）従業員　情報とトレーニング

（h）（1）雇用者は従業員に対し、最初の仕事を割り当てる際及び従業員が事前にトレーニングを受けていない新規の危険有害性化学品が作業領域に持ち込まれる際には、作業領域内の危険有害性化学品についての有効な情報とトレーニングを提供することとする。情報とトレーニングは、危険有害性の区分（例えば可燃性、発がん性など）あるいは、特定の諸化学品をカバーするように計画してよい。化学品に特有の情報は、ラベル及び SDS を通して常に入手可能でなければならない。

出典：米国労働省ウェブサイト「Hazard Communication」を基に筆者翻訳。
https://www.osha.gov/hazcom/HCS-Final-RegText

　これはトレーニングについての具体的な枠組みを示したもので、トレーニングは雇用者の義務として規定されています。

　トレーニングの必要性でいえば、例えば、わかりやすく作成されたという絵表示でも「炎」と「円上の炎」では意味するところが異なりますが、外見はよく似ています。

図表 3-27　ピクトグラム　【炎】と【円上の炎】の比較

【炎】可燃性または引火性を表す　　　【円上の炎】支燃性・酸化性を表す

　上記「炎」と「円上の炎」の絵表示について事前にトレーニングを受けていれば、緊急の際にも「一目でわかる」わかりやすさを持つと考えますが、トレーニングなしでは一目見るだけでその意味を即座に理解して両者を区別することは難しいのではないでしょうか。

② SDS 作成の対象となる化学物質　～法律で指定された物質

　SDS 作成の対象として法律で義務化されているものは、ハザードを持つ物質と混合物全般とされています。ハザードを有する混合物とはハザードを持つ化学物質を成分に持ち、そのため全体がハザードを有するとみなされる

混合物を指します。ハザードを有するかどうかの判定は、SDS作成者や利害関係者などがGHSに定められた手順に従って実施します。

　法律としてSDSの作成を義務とする化学物質としては、日本の化管法、労働安全衛生法、毒劇法の指定物質があります。また、EUのCLP規則の附属書Ⅵも代表的な規制リストの1つですが、特に、物質ごとに付与された分類とラベリングを記載の通りに採用してSDSを作成しなければならないことには注意が必要です。

図表 3-28　SDS作成の対象となる化学物質

法律名	SDS作成が義務とされる化学物質リスト	分類とラベリング
日本：化管法（PRTR法）	第一種指定化学物質 第二種指定化学物質	任意
日本：労働安全衛生法	・製造許可対象物質（8物質） ・表示・通知義務対象物質（2023年1月1日現在、674物質：労働安全衛生法施行令）	任意
日本：毒劇法	毒物、劇物に指定された物質	任意
REACH規則	第31条1. に規定される化学物質	CLP規則（※）附属書Ⅵに記載された分類とラベリングの採用は義務

（※）CLP：Classification, Labelling and Packaging of substances and mixtures

③ SDS作成の対象となる化学物質　～法律で指定されていない物質

　前項でも触れましたが、法律で特定の物質が指定されていなくとも、当該

物質が GHS による判定で危険有害性を有するならば、SDS・ラベルの作成は、通常、義務とされています。GHS をベースとして SDS・ラベルの作成が法律として施行・運用されている大部分の国では前項のような指定物質のリストを持たないためもあり、このような義務があると考えてよいでしょう。

　日本の労働安全衛生法では、このようなケースでは、SDS・ラベルの作成は努力義務とされています。

　ちなみに労働安全衛生法で使われる義務、配慮義務、努力義務については以下のような意味があります。ただしこれらは慣習的なもので法律によって特に定義されていません。

　義　　務：法的拘束力があり、違反すれば罰則がある。

　配慮義務：法的拘束力はないが、配慮がなければ義務違反として罰則を受ける可能性がある。

　努力義務：法的拘束力はないが、努力を怠ったためになんらかの被害が発生した場合等は行政指導や損害賠償を請求される可能性がある。

④危険有害性の判定　～データがない場合

　GHS では現有データがなく危険有害性が判定できない場合に、新たにデータを取得する要求・義務はありません。むしろ GHS の危険有害性クラスに対してすべてのデータが揃っている化学物質の方が珍しいのではないかと思われます。したがって当該化学物質が危険有害性を有すると判定されず SDS・ラベルに危険有害性を示す表記がない場合でも、実際に危険有害性がないことを保証するものではないということになります。このような化学品は許容量なども不明なことが多く、安全に使用するためには物理的・化学的特性などの利用可能なデータからリスクアセスメントを実施して少しでもばく露が少なくなるように取扱方法などを検討することがよいと考えられます。このようなリスクアセスメントのためのデータ提供という観点からも、危険有害性の有無に関わらずどのような化学品についても SDS・ラベルを作成することが望ましいと考えられます。

⑤ SDS・ラベルの言語・書式

　世界の多くの国で施行・運用されるようになった GHS ですが、各国が GHS の標準を策定する際は、共通して国連 GHS 勧告文書（パープルブック）がベースになっています。国連 GHS 勧告文書には各版を通して SDS 作成の手引きが附属書 4 にあり、これに則って SDS を作成すれば各国法規への遵守が同時に可能な共通版を得られそうです。しかし、現実には作成する際の言語は各国公用語に指定され、書式も微妙な差があるため、このような運用はほとんど無理なものとなっています。世界共有化が容易にできないことは残念ですが、SDS は化学品（化学物質・混合物）を使用する人のために安全取扱情報を提供するものであるという点に注意を払うべきであって、何のために SDS を作成するかという基本スタンスはあくまでも化学品使用者のため、ということを確認すべきでしょう。

　この観点が国連 GHS 勧告文書には、作成言語について「使用する人が容易に理解できる言語で作成する」とされている理由と思われます。

　日本において SDS を規定する化管法、労働安全衛生法では、JIS Z 7253 に準拠して SDS を作成することとされています。JIS Z 7253 では、作成言語は日本語とされているので、法規で要求される SDS の言語は日本語ということになります。ただし他言語の併記を否定していません。

　また、米国 HCS（Hazard Communication Standard）では、英語での作成が規定されていますが、使用者に対して適切な言語のものも加えてよいとされています。EU では当該化学品が上市される各加盟国の公用語での作成が義務付けられています。

　上記の例だけでなく、世界的に GHS に基づいた分類・ラベリング・SDS の提供が法制化された国々ではその国の公用語で作成することが義務付けられていることは通常のこととなっています。

　しかし、SDS を英語で作成する場合でも、英語を公用語とする国々で SDS を共通化できそうに思えますが、様々な理由でそれはできないことが多いでしょう。

　その理由としては以下の 1）〜 4）が考えられます。

1）GHS 関連法規などで異なる国連 GHS 勧告文書の版数を採用している

　対象となるすべての化学品の分類とラベリングに異なる結果をもたらすものではありませんが、拠り所となる国連 GHS 勧告文書の版数が異なれば、分類とラベリングに根本的な差となる場合も想定されます。

　JIS Z 7253 の 2012 年版では GHS 改訂第 4 版を、2019 年版では改訂第 6 版に基づくとされています。米国 HCS では同じく改訂第 3 版を採用しています。一方、EU 版 GHS というべき CLP 規則では、その第 12 補遺（12th ATP）で部分的に第 6 版と第 7 版への移行が 2019 年 3 月に公布され、2020 年 10 月 17 日に施行されました。2019 年 1 月発行の ECHA ガイダンス文書（Introductory Guidance on the CLP Regulation）はすでに第 6 版に沿った内容となっています。

　GHS 改訂第 6 版では、鈍性化爆発物がハザードカテゴリーに加えられ、自然発火性ガスには新たなハザードクラスが設定されています。また SDS 第 9 項物理化学的特性に項目が追加されたため、これ以前の版とは SDS の互換性が保てない可能性もあります。

2）採用しているビルディングブロックの相違

　例えば、国連 GHS 勧告文書では急性毒性区分は区分 1 ～ 5 までありますが、日本の GHS は区分 1 ～ 4 とされています。これは毒劇法では、国連 GHS での区分 5 に該当する物質がその範疇に入らないことが理由と考えられます。区分 5 まで採用している国として韓国が知られていますが、このため急性毒性の分類とラベリングに関しては韓国と互換性が保てない可能性があるといえます。

3）SDS の文書構成（項目名）が異なる

　各国法規で SDS の項目名（セクション名）が定められ、作成にあたっては、項目名は変更なくそのまま使用するように規定されていることが多いですが、同じ英語であっても国ごとに項目名が異なる場合も SDS の互換性が損なわれる原因となります。下表に米国 HCS と REACH 規則で定められた項目を例として挙げます。REACH 規則附属書 II ではサブ項目まで SDS に記載することとされています。

図表 3-29　SDS 項目の比較　REACH 規則ではサブ項目まで記載が義務
　　　　　化されている

米国 HCS	REACH 規則附属書 II
Section 1, Identification; Section 2, Hazard(s) identification; Section 3, Composition/ information on ingredients; Section 4, First-aid measures; Section 5, Fire-fighting measures; Section 6, Accidental release measures; Section 7, Handling and storage; Section 8, Exposure controls/personal protection; Section 9, Physical and chemical properties; Section 10, Stability and reactivity; Section 11, Toxicological information. Section 12, Ecological information; Section 13, Disposal considerations; Section 14, Transport information; Section 15, Regulatory information; and Section 16, Other information, including date	SECTION 1: Identification of the substance/mixture and of the company/ undertaking 1.1. Product identifier 1.2. Relevant identified uses of the substance or mixture and uses advised against 1.3. Details of the supplier of the safety data sheet 1.4. Emergency telephone number SECTION 2: Hazards identification 2.1. Classification of the substance or mixture 2.2. Label elements 2.3. Other hazards SECTION 3: Composition/ information on ingredients 3.1. Substances 3.2. Mixtures SECTION 4: First aid measures 4.1. Description of first aid measures 4.2. Most important symptoms and effects, both acute and delayed 4.3. Indication of any immediate medical attention and special treatment needed SECTION 5: Firefighting measures 5.1. Exting uishing media 5.2. Special hazards arising from the substance or mixture 5.3. Advice for firefighters

of preparation or last revision.

SECTION 6: Accidental release measures

6.1. Personal precautions, protective equipment and emergency procedures

6.2. Environmental precautions

6.3. Methods and material for containment and cleaning up

6.4. Reference to other sections

SECTION 7: Handling and storage

7.1. Precautions for safe handling

7.2. Conditions for safe storage, including any incompatibilities

7.3. Specific end use(s)

SECTION 8: Exposure controls/personal protection

8.1. Control parameters

8.2. Exposure controls

SECTION 9: Physical and chemical properties

9.1. Information on basic physical and chemical properties

9.2. Other information

SECTION 10: Stability and reactivity

10.1. Reactivity

10.2. Chemical stability

10.3. Possibility of hazardous reactions

10.4. Conditions to avoid

10.5. Incompatible materials

10.6. Hazardous decomposition products

SECTION 11: Toxicological information

11.1. Information on hazard classes as defined in Regulation(EC)

	No1272/2008
	11.2. Information on other hazards
	SECTION 12: Ecological information
	12.1. Toxicity
	12.2. Persistence and degradability
	12.3. Bioaccumulative potential
	12.4. Mobility in soil
	12.5. Results of PBT and vPvB assessment
	12.6. endocrine disrupting properties
	12.7. other adverse effects
	SECTION 13: Disposal considerations
	13.1. Waste treatment methods
	SECTION 14: Transport information
	14.1. UN number or ID number
	14.2. UN proper shipping name
	14.3. Transport hazard class(es)
	14.4. Packing group
	14.5. Environmental hazards
	14.6. Special precautions for user
	14.7. Maritime transport in bulk according to IMO instruments
	SECTION 15: Regulatory information
	15.1. Safety, health and environmental regulations/ legislation specific for the substance or mixture
	15.2. Chemical safety assessment
	SECTION 16: Other information

4）SDS の義務化された記載内容が互いに異なる

　米国 HCS による急性毒性関連の記述を例として見てみましょう。米国 HCS では附属書 IV に SDS の記載事項が定められ、Section 2, Hazard(s) identification；の小項目（d）には、急性毒性が不明な成分の含有率の記載が義務付けられています。これは知る限りでは米国でのみ要求される記述と思われます。

　以上を踏まえれば、例えば日本から海外に化学品を輸出するにあたって、日本の JIS に基づいたラベル・SDS をそのまま英語に翻訳しても輸出先国の GHS 関連の法規には遵守できる可能性はなさそうなことがわかります。

　このような場合輸出先の国の法規に則って SDS を新たに作成すべきです。

⑥ SDS の構成について（※本項目は筆者の私見になります）

　SDS の構成、大項目 16 項目の内容と関連性について考えてみましょう。以下に日本の JIS Z 7253 で示された 16 項目を示します。SDS は、これら 16 の項目に従って構成されています。

　JIS には項目の間にどのような関連性があるか具体的に明示されていませんが、大きく 4 つのグループに分けることができると考えます。

図表 3-30　SDS 項目のグループ分け

グループ	項目名
化学物質・混合物（化学品）の基本情報	項目 1 －化学品及び会社情報 項目 2 －危険有害性の要約 項目 3 －組成及び成分情報
事由発生時の措置	項目 4 －応急措置 項目 5 －火災時の措置 項目 6 －漏出時の措置 項目 7 －取扱い及び保管上の注意 項目 8 －ばく露防止及び保護措置
性状や人健康・環境影響に関する情報 ※データ中心	項目 9 －物理的及び化学的性質 項目 10 －安定性及び反応性 項目 11 －有害性情報 項目 12 －環境影響情報
法規上の取扱いに関する情報	項目 13 －廃棄上の注意 項目 14 －輸送上の注意

| | 項目 15 －適用法令 |
| | 項目 16 －その他の情報 |

※グループ分けは筆者の私見によるものです。

　SDS の文書としての構成をみると、化学品を使用するにあたって重要かつ緊急性が高い順番に項目が配置されていると見ることもできます。SDS という文書を手に取った時、特に緊急時に必要な情報は表紙に現れるようになっており、ページをめくらなくとも必要な情報に素早くアクセスが可能となるように意図されていると思われます。

⑦国による規制物質の違い

　前項で SDS には各国ごとに定められた固有の書式と、作成にあたって言語が指定されていることから、各国の SDS が相互に共有化されることは、現実的にほとんど可能性がなさそうなことがわかりました。

　海外向けの SDS を作成するにあたり、これらの条件をクリアすることが必要ですが、さらに次の課題として各国で互いに異なる規制物質を持つことからくる SDS の記述内容の違いが挙げられるでしょう。例えば日本と輸出先国では規制物質の違いがあり、ある化学物質が日本では規制物質になっていなくとも輸出先国では規制物質となっている場合、またその逆もあることなどです。

　現実によくあるのが特に混合物の場合で、日本国内用の SDS では規制物質ではないので記載義務がなく SDS 上に成分物質として記述されていないが、輸出先国では規制物質なので SDS 上で成分物質として明記しなければならない場合です。この例では輸出先国の SDS では法規の要求する作成要件を満たしていないことになります。したがって可能な限り混合物では全成分について規制情報かどうかを確認・把握した上で輸出先国の言語で SDS を改訂することが良いと考えられますが、混合物の全成分情報の取得は川下使用者にとっては困難なことが多いです。

　これは海外から日本に化学品を輸入する際にもいえることで、注意が必要でしょう。

122

⑧法遵守状況の確認

　また、化学品を輸出するにあたって必要となる化学物質管理規則に対する法遵守状況についても SDS からどの程度の情報が得られるかどうか確認しましょう。

　まず、輸出先国で化審法や REACH 規則のような化学物質管理規則が施行されていれば、化学品のすべての成分がそのインベントリに収載されていることは上市の前提として必須な要件となります。これを確認するために SDS を参照しても、特に混合物の場合では SDS 上にすべての成分が記述されていることはあまり期待できません。記述されていたとしても、輸出先国のインベントリと照会するに足る物質の特定情報（例えば CAS 番号や EC 番号など）の記載が必要です。このような事情から成分物質のインベントリ収載確認といった、法遵守確認としては第一歩となる情報についても SDS では不十分な場合もあるでしょう。

　化学品の供給元と使用者は、お互いに SDS の情報にはこのような限界があることを理解して必要な情報をやり取りすることが重要です。

　その他、法遵守情報の記述は SDS の第 15 項－適用法令に自由に記載することができます。自由に記載できる、ということは裏返せば書くべきことが何も決まっていないということです。川下使用者からの依頼によって、化学品の供給者が、海外向け SDS を作成するような場合など、第 15 項－適用法令にどのような法令の情報を記載するか、あらかじめ合意をしておいてもよいかもしれません。

⑨日本・EU・米国の SDS

　日本・EU・米国の SDS・ラベルの概略について、下表にまとめて示します。

図表 3-31　日本・EU・米国の SDS・ラベルの概略

項目	日本	EU	米国
法規	化管法(PRTR法) 労働安全衛生法 毒劇法	REACH規則 （SDSの書式・内容などを規定） CLP規則 （分類とラベリングを規定）	HCS
標準	JIS Z 7252 JIS Z 7253	―	―
作成言語	日本語	EU公用語 化学品を使用する国の公用語での作成を原則とする。	英語 ※必要に応じて化学品使用者に適切な言語（例えばスペイン語など）での作成も認められている。
SDS・ラベル作成の義務対象物質リスト	化管法、労働安全衛生法、毒劇法によりそれぞれリストを公示 ※分類とラベリングが付与されていない。	CLP規則にリストを公示 ※分類とラベリングが付与されている。	―

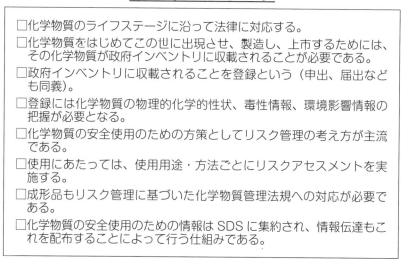

チェックリストで確認
第3章のポイント

□化学物質のライフステージに沿って法律に対応する。

□化学物質をはじめてこの世に出現させ、製造し、上市するためには、その化学物質が政府インベントリに収載されることが必要である。

□政府インベントリに収載されることを登録という（申出、届出なども同義）。

□登録には化学物質の物理的化学的性状、毒性情報、環境影響情報の把握が必要となる。

□化学物質の安全使用のための方策としてリスク管理の考え方が主流である。

□使用にあたっては、使用用途・方法ごとにリスクアセスメントを実施する。

□成形品もリスク管理に基づいた化学物質管理法規への対応が必要である。

□化学物質の安全使用のための情報は SDS に集約され、情報伝達もこれを配布することによって行う仕組みである。

第4章

規制物質

1 規制物質はどのように決まるか

　規制物質は、人の健康や環境に影響を及ぼした事件・事象などによってはじめてハザードが判明したり、あらかじめ把握されたハザードに基づいて予防原則の立場から規制に至ったりなどの理由から、その製造や使用が制限、認可、禁止などの措置が取られた化学物質です。

　前者ですぐに思い浮かぶのは公害・薬害事件かもしれません。例としてはPCB（Poly Chlorinated Biphenyl：ポリ塩化ビフェニル）によって引き起こされたカネミ油症事件やサリドマイドによる薬害事件が挙げられます。後者としては第1章で取り上げたDDTなどが挙げられるでしょう。

　化学物質が規制に至るには、ある人はハザードがない、ある人はハザードがあるなどの議論が一定程度には収束して、そのハザードについて合意されていることが必須です。さらにハザードだけではなく使用による人への健康影響や環境中への放出などを要素としてリスク評価を実施し、結果、その化学物質のリスクが、人や環境に受け入れられかどうかを知ることもポイントとなるでしょう。

　また規制を施行する段階に至るまでには、その化学物質を規制してしまった場合、社会経済性に関する課題はどの程度発生するのか、代替物質はあるのか、なども検討されます。もし、使用用途が社会経済的に重要で欠かすことができないようなもので、しかも代替となる化学物質を見出すことができない等の理由がある場合では、全面的な禁止ではなく条件付きの規制として特定使用用途が許容もしくは制限されることも多いです。

　このような社会経済的な効果が認められた例として、DDTを挙げることができます。

　DDTは、その難分解性と生体蓄積性のためにストックホルム条約附属書B（原則制限）に収載されており、日本の化審法では第一種特定化学物質としてその製造・輸入は事実上禁止となっています（ストックホルム条約での規制物質の追加プロセスについては、第2章参照）。

　一方で DDT のマラリア原虫を持った蚊に対する効果は広く認められており、マラリアの抑止のためになくてはならない化学物質です。DDT が全面的に禁止されると熱帯・亜熱帯の国々ではマラリアが再燃したため、再びその使用が室内散布に限って認められる方向になりました。また、従来考えられているよりも人体に対する有害性の程度は低いということもいわれています。

　このような経緯は、化学物質の規制について、その化学物質の持つハザードと使用用途の兼ね合い、また社会経済的な要求程度、代替物質があるかどうかが重要な要素であることを示すものでしょう。

　DDT の場合には、実際に禁止してからマラリアの再燃に遭遇したことになりますが、現在の化学物質管理規則、特に REACH 規則の制限物質選定プロセスにはリスクアセスメントと社会経済分析が車の両輪のように取り入れられており、リスクアセスメント委員会 (RAC: Committee for Risk Assessment) と 社 会 経 済 委 員 会 (SEAC: Committee for Socio-Economic Analysis) の両委員会が組織され、それぞれ提出されるリスクと社会経済性の両面からの意見（Opinion）が最終的な規制条件の決定に重要なものとされています。制限物質の詳細な決定プロセスについては ECHA ウェブサイトをご参照ください。

【参考】ECHA ウェブサイト
https://echa.europa.eu/restriction-process

2　規制物質の動向

　新たな規制物質の追加は、リオ・サミット以来の連綿とした活動の結果として化学物質のハザード把握の仕組みやリスク評価の枠組みが整備されてきていることもあり、最近はますます活発になってきているといえるでしょう。主にストックホルム条約や REACH 規則に基づいた規制物質の指定はその代表と思われます。

　これまでに規制物質となった化学物質を中心に、その動向について考えてみたいと思います。

（1）有機ハロゲン化合物

　有機ハロゲン化合物とは、ハロゲン（周期表の上からフッ素、塩素、臭素、ヨウ素）が炭素鎖に共有結合している安定な有機化合物とされています。前項に挙げたＤＤＴも有機ハロゲン化合物になりますが、これをはじめとして主にその残留性や生体蓄積性のため規制物質とされてきました。またフロンのような化合物は温室効果ガスとしてウィーン条約の規制対象となっています。有機ハロゲン化合物は、結合したハロゲンの種類によって塩素ならば有機塩素化合物、臭素ならば有機臭素化合物などと呼ばれます。

　規制を受けた有機ハロゲン化合物の代表例として、臭素系難燃剤、塩素化パラフィン、PFOA を見てみましょう。

①臭素系難燃剤

　難燃剤はプラスチックや繊維に練り込むことによって、これらを着火しにくくする、燃えにくくする、いったん着火しても自然消火させるなどの性質を付与することができる材料で、電気電子製品からカーテンなどの繊維製品にまで幅広く使用されているものです。

　難燃剤には無機系、有機系など様々な種類がありますが、一部の臭素系難燃剤は、残留性と生体蓄積性などが認められ規制の対象となっています。以下にそのような臭素系難燃剤３種類を示します。ストックホルム条約、REACH 規則、RoHS 指令、化審法などで規制されています。

図表 4-1　規制の対象となる臭素系難燃剤

名称	構造式	主な規制
ポリ臭素化ビフェニル（PBB）	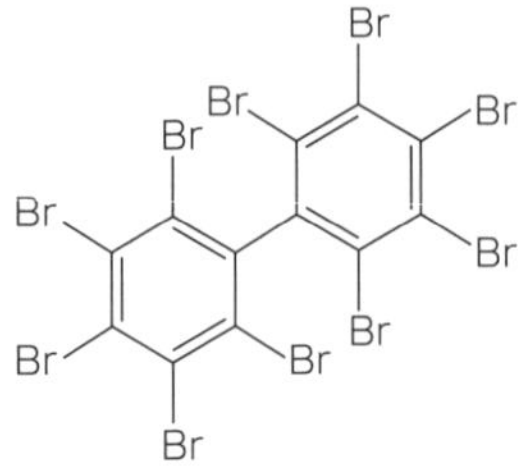 デカブロモビフェニル	RoHS 指令；対象物質

ポリ臭素化ジフェニルエーテル (PBDE)	デカブロモジフェニルエーテル	ストックホルム条約：附属書 A（廃絶） REACH 規則：CL 物質（SVHC） RoHS 指令：対象物質 化審法：第一種特定化学物質
ヘキサブロモシクロドデカン (HBCD)	1, 2, 5, 6, 9, 10 -ヘキサブロモシクロドデカン	ストックホルム条約：附属書 A（廃絶） REACH 規則：CL 物質（SVHC） 化審法：第一種特定化学物質

②塩素化パラフィン

　塩素化パラフィンは、ストックホルム条約の枠組みの中で臭素系難燃剤の規制が一巡した後で、その次に規制対象として検討されてきました。2017年に SCCP（短鎖塩素化パラフィン）がストックホルム条約附属書 A（廃絶）に加えられ、翌年 2018 年には化審法第一種特定化学物質として、その製造・輸入が禁止されました。塩素化パラフィンの詳細については第 3 章を参照ください。

③ PFOA

　ペルフルオロオクタン酸（PFOA）は炭素数 8 の有機フッ素化合物でカルボン酸を有し、主に界面活性剤として使用されてきましたが、「ペルフルオロオクタン酸（PFOA）とその塩及び PFOA 関連物質」としてストックホルム条約第 9 回締約国会議（2019 年 4 月〜 5 月）にて同条約の附属書 A（廃絶）に追加することが決定され、化審法の第一種特定化学物質へ 2021 年 10 月に追加されました。

PFOA そのものの構造は $CF_3(CF_2)_6COOH$ となりますが、ストックホルム条約の物質指定では"その塩と関連化合物"も含まれているためこれに限定されず、カルボン酸に対イオンを持つものや分岐異性体、ポリマーなども含まれることになります。以下にその対象範囲を引用して示します。

図表 4-2　PFOA の対象範囲

(a) 分岐異性体を含む PFOA（CAS No: 335-67-1、EC No: 206-397-9）

(b) PFOA の塩

(c) PFOA 関連物質

PFOA の塩およびポリマーを含む PFOA に分解する物質であり、$(C_7F_{15})C$ 部分を持つ直鎖状又は分岐状で、構造要素の 1 つとしてパーフルオロヘプチル基を有する物質

例：

(i) C8 以上のパーフルオロアルキル化した側鎖を有するポリマー

(ii) 8：2 フルオロテロマー化合物

(iii) 10：2 フルオロテロマー化合物

以下の化合物は PFOA に分解しないので、PFOA 関連物質として含まれない。

(i) C_8F_{17}-X（X=F, Cl, Br）

(ii) $CF_3[CF_2]n$-R'（R'= 任意の基、n ≧ 163）で表されるフルオロポリマー

(iii) パーフルオロアルキルカルボン酸およびホスホン酸（それらの塩類、エステル類、ハライド類および無水物を含む）で 8 個以上の炭素原子を含む過フッ化炭素

(iv) パーフルオロアルカンスルホン酸およびスルホン酸（それらの塩類、エステル類、ハライド類および無水物を含む）で 9 個以上の炭素原子を含む過フッ化炭素

(v) ストックホルム条約附属書 B にリストされているパーフルオロオクタンスルホン酸（PFOS）、その塩類、およびパーフルオロオクタンスルホニルフルオライド（PFOSF）

出典：経済産業省ウェブサイト「製品含有化学物質のリスク評価　ペルフルオロオクタン酸」
https://www.meti.go.jp/shingikai/kagakubusshitsu/anzen_taisaku/pdf/r03_s01_05.pdf

　米国は、特に PFOA については PFAS（Per-and Polyfluoroalkyl Substances：フッ素化アルキル化合物）という化学物質を指し示す範囲としては、ストックホルム条約での取決めより大きな枠組みを設定して、その行動計画を 2021 年 10 月に発表し、2024 年の規制を目指しています。また各州法においても規制されつつあります。

【参考】EPA ウェブサイト「Per-and polyfluoroalkyl substances (PFASs)」
https://www.epa.gov/pfas

　欧州では 2023 年の制限物質指定に向けて、PFAS 規制が推進されています。

【参考】ECHA ウェブサイト「Per-and polyfluoroalkyl Substances (PFAS)」
https://echa.europa.eu/en/hot-topics/perfluoroalkyl-chemicals-pfas

　PFAS 規制は世界的規模に急激に広がりつつあり、これからの規制物質対応の中心になるといえるでしょう。

注記：以上に示してきた有機ハロゲン化合物はその定義から様々な異性体を含み、Ｃ
　　　ＡＳ番号で一義的に特定できません。これらの規制で対象物質として示される
　　　ＣＡＳ番号やＥＣ番号などは規制物質の一例であり、これに限定されないこと
　　　に注意が必要です。
　　　詳細は第３章の２（１）をご参照ください。

(2)　フタル酸エステル類

　REACH 規則での成形品に関する規制は、主に企業の化学物質管理体制に大きな影響を与えましたが、フタル酸エステルである DEHP(Diethylhexyl phthalate) が SVHC として REACH 規則の CL 物質に指定されたことにより同物質の成形品中の含有を管理する必要が生じました。特に日本で広く使用されていることもあり、その影響はより大きなものになりました。

　フタル酸エステル類の構造は、フタル酸のカルボン酸をアルコールでエステル化したものになります。

図表 4-3　フタル酸エステル類の構造

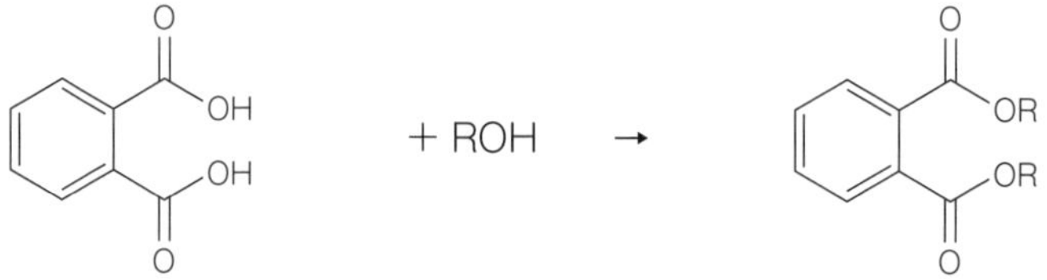

フタル酸　　　　　　　アルコール　　　　フタル酸エステル類

　ここでアルコールならばＲは何でもよく、カルボン酸部分でエステル結合を生成していればフタル酸エステル類と呼ぶことができます。CAS 番号については、フタル酸エステル類という言葉は特定の化学物質を示すものではないので、限定された CAS 番号を指定して規制物質をすべて特定することは難しいでしょう。ちなみに有機化学の化学式でもよくみかけますが、「R」は Residue（残基）の頭文字をとったものです。

　フタル酸エステルとしてアルコール部分を特定して、１つの物質を指定する場合は、アルコール名を〇〇とすると、フタル酸〇〇または〇〇フタレートなどと呼びます。例えばフタル酸ビス（2- エチルヘキシル）（DEHP）はフタル酸と 2- エチルヘキシルアルコール（2- エチルヘキサノール）２つ（＝ビス）がエステル結合した化学物質であることがわかります。また、フタル酸には２つカルボン酸がありますので、それぞれに別々のアルコールがエステル結合しているものあります。フタル酸にブチルアルコールとベンジルアルコールが結合しているフタル酸ブチルベンジル（BBP）はその一例となります。

図表 4-4　フタル酸ブチルベンジル（ＢＢＰ）

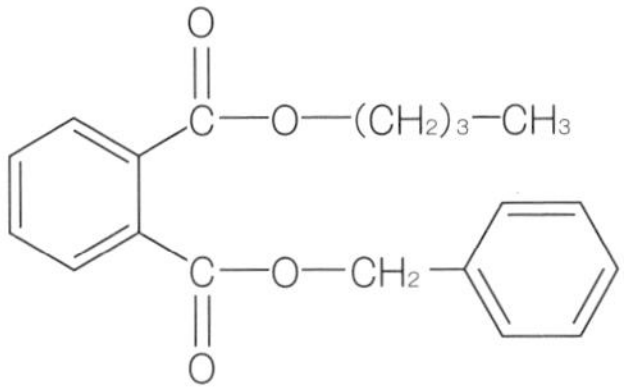

　フタル酸エステル類は、プラスチックやゴムの可塑剤として広く用いられてきましたが、主に生殖毒性を持つとして規制の対象とされており、また内分泌かく乱作用も持つとされているものもあります。

　可塑剤用途で使用されることから含有するプラスチック・ゴムなどからのブリーディング（しみ出し）が課題とされることもあり、接触した物品などへの転写についての検討もなされています。

　以下の 4 物質は、RoHS 指令で規制されているフタル酸エステル類で、フタル酸エステル類の中でも主な規制対象とみなすことができるでしょう。いずれの物質も REACH 規則での CL 物質、認可対象物質となっています。

図表 4-5　RoHS 指令で規制されているフタル酸エステル類

名称	ＥＵの規制	日本の規制
フタル酸ビス（2- エチルヘキシル）（DEHP）	REACH 規則：CL 物質、認可対象物質 RoHS 指令：規制対象物質 ハザード：生殖毒性、内分泌かく乱物質	化審法：優先評価化学物質 安衛法：名称等を表示し、または通知すべき危険物及び有害物
フタル酸ブチルベンジル（BBP）		化審法：既存化学物質 安衛法：名称等を表示し、または通知すべき危険物及び有害物（令和 6 年 4 月から）

フタル酸ジブチル (DBP)	安衛法：名称等を表示 し、または通知すべき 危険物及び有害物
フタル酸ジイソブチル (DIBP)	化審法：既存化学物質 安衛法：名称等を表示 し、または通知すべき 危険物及び有害物（令 和6年4月から）

(3) 内分泌かく乱物質

　内分泌かく乱物質とは文字通り「内分泌かく乱作用を持つ化学物質」を意味し、ホルモンや内分泌系をかく乱して有害影響をもたらす可能性がある化学物質とされています。日本では内分泌かく乱作用は必ずしも重大な課題として広く認識されていないような印象がありますが、内分泌かく乱についてはすでに確立された概念といえるでしょう。

　内分泌かく乱作用によって、生殖・発達・成長に影響を及ぼすとされています。

・生殖に及ぼす影響－エストロゲン様作用、抗エストロゲン様作用、アンドロゲン様作用及び抗アンドロゲン様作用
・発達（変態等）に及ぼす影響－甲状腺ホルモン様作用及び抗甲状腺ホルモン様作用
・成長に及ぼす影響－幼若ホルモン様作用及び脱皮ホルモン様作用

　内分泌かく乱物質の代表的なものは、前項の DEHP、ビスフェノール A、ノニルフェノールなどが挙げられます。

　日本の取組みとしては環境省による「EXTEND2022」を挙げることができるでしょう。順次、内分泌かく乱作用が疑われる化学物質については評

価が推進されています。

【参考】環境省ウェブサイト「化学物質の内分泌かく乱作用」
http://www.env.go.jp/chemi/end/index.html

　また、ミジンコ類繁殖試験である OECD TG211 に、雌雄判別によって
化学物質の幼若ホルモン類似作用をオオミジンコの性比で調べる方法が環境
省から OECD に提案され、追加されています。

【参考】国立研究開発法人国立環境研究所ウェブサイト「生態毒性に係る
　　　　OECD テストガイドライン 210/211 改定について」
http://www.nies.go.jp/risk_health/seminar/text/h260214/
h260214data02.pdf

(4) ナノマテリアル

　ナノマテリアルはその大きさが 100nm（0.1μm）以下程度のものとされ
ており、現状は物質を特定して何らかの規制をするものではなく、日本、
EU、米国ともに、法規制という観点からは現時点では情報収集の段階とい
えるでしょう。

　2009 年に厚生労働省から「ナノマテリアルの安全対策に関する検討会報
告書」が公表されています。

【参考】厚生労働省ウェブサイト「『ナノマテリアルの安全対策に関する検
討会報告書』の公表について」
https://www.mhlw.go.jp/houdou/2009/03/h0331-17.html

　EU においては REACH 規則下で化学物質を登録する際のナノマテリアル
の報告義務が課されています。

【参考】ECHA ウェブサイト「Nanomaterials」
https://echa.europa.eu/regulations/nanomaterials

　米国においては TSCA の下で 2017 年から 2018 年にかけてナノマテリ
アルの調査が実施されていますが、現時点で具体的な規制はありません。

【参考】米国環境保護庁（EPA）ウェブサイト「Control of Nanoscale
Materials under the Toxic Substances Control Act」
https://www.epa.gov/reviewing-new-chemicals-under-toxic-
substances-control-act-tsca/control-nanoscale-materials-under

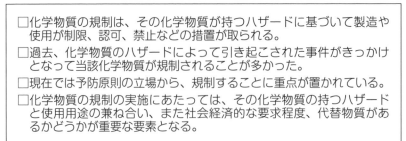

□化学物質の規制は、その化学物質が持つハザードに基づいて製造や使用が制限、認可、禁止などの措置が取られる。

□過去、化学物質のハザードによって引き起こされた事件がきっかけとなって当該化学物質が規制されることが多かった。

□現在では予防原則の立場から、規制することに重点が置かれている。

□化学物質の規制の実施にあたっては、その化学物質の持つハザードと使用用途の兼ね合い、また社会経済的な要求程度、代替物質があるかどうかが重要な要素となる。

第5章

具体的な施策への対応

―労働安全衛生法関連の改正―

1　職場における化学物質等の管理のあり方に関する検討会　報告書

　日本の化学物質管理政策の中で労働安全衛生法（安衛法）は、ライフステージでいえば主に化学物質を製造・使用する段階をその範囲としています。法律の性格上、対象となる者は事業者となります。この安衛法の対応を第3章の「2　業務の流れから法令を知る」に示した項目にあてはめて整理してみましょう。

　この安衛法関連の化学物質の管理体系は、化学物質による職業性疾病や労災事故が後を絶たないこともあって見直しが図られ、令和3年7月19日に「職場における化学物質等の管理のあり方に関する検討会　報告書」（以下、検討会報告書）が公表されました。

　この報告書により提言された施策全体の概略は以下通りです。

①化学物質規制体系の見直し（自律的な管理を基軸とする規制への移行）
　・国による GHS 分類とモデルラベル・SDS の作成・公表
　・GHS 分類の分類済み危険有害物の管理（対象物質の拡大）
　・GHS 未分類物質の管理
　・労使等による化学物質管理状況のモニタリング
　　　☞自律管理の実施状況について衛生委員会等により労使で共有、調査審議するとともに、一定期間保存を義務付け
　　　☞労災を発生させた事業場で労働基準監督署長が必要と認めた場合は、外部専門家による確認・指導を義務付け
　・事業場内の化学物質管理体制の整備・化学物質管理の専門人材の確保・育成
　　　☞化学物質管理者（選任義務化：すべての業種・規模）
　　　☞保護具着用管理責任者（選任義務化）

☞職長教育の義務対象業種の拡大

☞雇入れ時・作業内容変更時の危険有害業務に関する教育を全業種に
拡大

②化学物質の危険性・有害性に関する情報の伝達の強化

・SDS（安全データシート）の記載項目の追加と見直し・SDS の定期的
な更新の義務化

・SDS の交付方法の拡大

・移し替え時等の危険性・有害性に関する情報の表示の義務化

・設備改修等の外部委託時の危険性・有害性に関する情報伝達の義務拡大

③特化則等に基づく措置の柔軟化

・特化則等に基づく健康診断のリスクに応じた実施頻度の見直し

・粉じん作業に対する発散抑制措置の柔軟化

・作業環境測定結果が第3管理区分である事業場に対する措置の強化

④がん等の遅発性の疾病の把握とデータの長期保存のあり方

・がん等の遅発性疾病の把握の強化

☞化学物質を取り扱う同一事業場において、複数の労働者が同種のが
んに罹患し外部機関の医師が必要と認めた場合または事業場の産業
医が同様の事実を把握し必要と認めた場合は、所轄労働局に報告す
ることを義務付け

・健診結果等の長期保存が必要なデータの保存

☞30 年以上の保存が必要なデータについて、第三者機関（公的機関）
による保存する仕組みを検討

　以上の施策提言により大きな法規改正が行われています（以下、本改正）。
法規全体の内容等の詳細については厚生労働省ウェブサイトをご参照くださ
い。

【参考】厚生労働省ウェブサイト「化学物質による労働災害防止のための新たな規制について〜労働安全衛生規則等の一部を改正する省令（令和4年厚生労働省令第91号（令和4年5月31日公布））等の内容〜」
https://www.mhlw.go.jp/stf/seisakunitsuite/bunya/0000099121_00005.html

---

2 「業務の流れから法令を知る」にあてはめてみる

第3章の「2　業務の流れから法令を知る」に示した項目は以下の通りです。

（1）化学物質の特定情報〜物質の同一性

（2）化学物質の製造・輸入

（3）化学物質のリスク管理〜化学物質の安全使用

（4）成形品の法規対応

（5）GHS と SDS・ラベル

これらの項目に本改正による措置・要求事項がどのようにあてはまるか、見てみましょう。

①化学物質の特定情報　〜物質の同一性

本改正では、安衛法第57条による通知・表示対象物質について大幅な拡大が予定されており、また、がん原性を有する物質も別途指定されます。

これらの物質の指定については、必ずしも CAS 番号で単一物質が指定されるとは限らず総称名を用いてある化合物のグループとして示されることもあるでしょう。その場合には、使用する化学物質が総称名の示すグループに入るかどうかの判断が必要です。

例えば「モリブデン及びその化合物」は安衛法第57条による通知・表示

対象物質に該当するとして安衛法施行令別表第9の603にありますが、これは総称名として指定されたものに当たるでしょう。「モリブデン及びその化合物」ならばモリブデンを含有する化合物かどうかをみれば良いのですが、判断できないような場合にはどうしてもCAS番号の付与されたリストが欲しくなるところです。サプライチェーンの情報伝達の際にも、サプライチェーンの中にこの判断ができない企業がいることも想定され、このためにサプライチェーンの情報伝達が分断される可能性もあります。サプライチェーン全体が化学物質管理に参加する時代になっていることからも、CAS番号を伴った物質リストの重要性は増しています。

　このような事情はすでに述べたSCCPと同様なものですが、「モリブデン及びその化合物」についてもNITE-CHRIPデータベース（72頁参照）を検索すると、72物質が関連付けされていることがわかります。対象物質はこれに限定されずあくまでも「モリブデン及びその化合物」という総称名に合致するものとなることも、SCCPでの事情と同様といえるでしょう。

図表5−1　モリブデン及びその化合物として割り当てられたCAS番号（抜粋）

（法規上の指定）

（CAS番号付きの具体的な化学物質の例示）

No.	CHRIP_ID	CAS RN	物質名称
1	C004-898-09A	1313-27-5	三酸化モリブデン
2	C006-907-37A	1313-30-0	ドデカモリブドリン酸ナトリウム
3	C005-554-57A	1317-33-5	二硫化モリブデン
4	C006-907-93A	1325-75-3	リンモリブデンタングステン酸N−［4−［［4−（ジエチルアミノ）フェニル］フェニルメチレン］−2，5−シクロヘキサンジエン−1−イリデン］−N−エチルエタナミニウム
5	C006-455-94A	1325-87-7	リンモリブデンタングステン酸N−［4−［［4−（ジエチルアミノ）フェニル］［4−（エチルアミノ−1−ナフタレニル）］メチレン］−2，5−シクロヘキサジエン−1−イリデン］−N−エチルエタナミニウム
6	C004-814-41A	7439-98-7	モリブデン
7	C004-805-84A	7631-95-0	モリブデン酸ナトリウム
8	C005-554-35A	7782-91-4	モリブデン酸
9	C006-920-39A	7787-37-3	モリブデン酸バリウム
10	C004-814-30A	7789-82-4	モリブデン酸カルシウム

（2022年12月7日時点での確認）

出典：独立行政法人製品評価技術基盤機構（NITE）ウェブサイトでの検索より。
http://www.nite.go.jp/chem/chrip/chrip_search/systemTop
※ NITE-CHRIPはNITEにより提供されている「化学物質総合情報提供システム（Chemical Risk Information Platform）」です。

ただし、このような CAS 番号付きリストがいつも入手できるとは限らず、また入手できたとしても総称名による法規上の指定が優先され、CAS 番号付きリストに収載された物質がすべてではないことはすでに述べた通りです。

②化学物質の製造・輸入
　製造・輸入の前提となる新規化学物質の登録などの手続きについては本改正には該当しません。

③化学物質のリスク管理　～化学物質の安全使用
　本改正のコアとなる部分です。
　リスク管理は原則を端的にいえばリスクアセスメントにより把握したばく露量が、許容量よりも少なくなるように管理することですが、この原則を厳守するために「人の選任」「管理項目の新たな設定」「記録の管理」の仕組みを設けています。

【人の選任】
　新たに化学物質管理者、保護具着用管理責任者を設け、この二者の選任を義務化してリスク管理とそれに必須の情報となる SDS の管理厳格化を主なねらいとしています。
　化学物質管理者を例としてその職務とされた項目をみると、製造・使用についてのリスクアセスメント実施とそれに付随するラベル・SDS の作成に留まらず、労災発生の場合の対応など、企業全体における化学物質管理の重要な部分を担うことがわかります。また、これに見合う社内権限の付与についても規定されています。
　化学物質管理者の職務とされた項目は次の通りです。

図表 5-2　化学物質管理者の職務

✓ ラベル・SDS（安全データシート）の確認及び化学物質に係るリスクアセスメントの実施の管理
✓ リスクアセスメント結果に基づくばく露防止措置の選択、実施の管理
✓ 化学物質の自律的な管理に係る各種記録の作成・保存
✓ 化学物質の自律的な管理に係る労働者への周知、教育
✓ ラベル・SDS の作成（リスクアセスメント対象物の製造事業場の場合）
✓ リスクアセスメント対象物による労働災害が発生した場合の対応

【管理項目の新たな設定】

　リスクアセスメント実施についてはその運用管理の強化が図られ、「リスクアセスメント実施⇒ばく露低減措置⇒効果の確認⇒記録と保存」というリスクアセスメントの通常プロセスの上に肉付けして具体的な管理項目を設定したものになっています。

リスクアセスメント実施

　リスクアセスメントの実施そのものについては本改正の前提となるものであり、その具体的方法・内容についての言及はないといえるでしょう。本改正はリスクアセスメント実施の管理強化を主眼にするものになっています。

ばく露低減措置

　・労働者がリスクアセスメント対象物にばく露される濃度の低減措置
　・リスクアセスメント対象物以外の物質にばく露される濃度を最小限とする努力義務

効果の確認

　・労使等による化学物質管理状況のモニタリング
　・ばく露低減措置の内容及び労働者のばく露の状況についての労働者の意

見聴取、記録作成・保存

【記録の管理】
記録と保存
　・リスクアセスメント結果等に係る記録の作成及び保存
　・健康診断の実施・記録作成等

　また、化学物質の有害性（ハザード）ついて、がん原性と皮膚・眼からの
ばく露に注目し、これらの管理強化措置がなされています。
　・化学物質に起因するがんの把握の強化
　・皮膚・眼刺激性、皮膚腐食性または皮膚から吸収され健康障害を引き起
　　こしうる有害性を有する化学物質を取り扱う際の保護具使用の強化

　上記の全般にわたり、労働安全衛生規則第 22 条に定められた「衛生委員
会の付議事項」として化学物質の自律的な管理の実施状況の調査審議を行う
ことを義務付ける項目が追加されます。

④成形品の法規対応
　本改正の範囲外となります。

⑤ GHS と SDS・ラベル
　化学品の情報伝達ツールである SDS・ラベルについても以下の措置がな
されます。
　・SDS の交付方法の拡大（SDS 等による通知方法の柔軟化）
　・SDS「人体に及ぼす作用」の定期確認及び更新
　・SDS 等による通知事項の追加及び含有率表示の適正化
　・移し替え時等の危険性・有害性に関する情報の表示の義務化

　また特定化学物質障害予防規則（特化則）に基づく措置については、自律

的管理の一環として柔軟な運用が認められる方向となっていますが、これは
リスクアセスメントをしっかりと実施し、上記の仕組みの中で管理すること
を前提とするものです。

3　具体的な対応に向けて

　以上のように検討会報告書には多岐にわたる詳細な施策が含まれることが
わかりますが、実務に展開するためにはさらに具体的な対象物質の指定、記
録・保存のルールなどの細部を決定していくことになります。

　このために 2022 年 9 月に設置された「化学物質管理に係る専門家検討会」
によって濃度基準値や発がん物質の指定等についての議論がなされ、2023
年 2 月に検討結果をとりまとめた報告書が公表されています。

【参考】厚生労働省ウェブサイト「化学物質管理に係る専門家検討会」
https://www.mhlw.go.jp/stf/newpage_27563.html

　この中で濃度基準値設定の考え方及び測定方法や作業記録等の 30 年間保
存が必要ながん原性を有する物質についても「国が行う GHS 分類の結果が
発がん区分 1 Ａ及び 1 Ｂの化学物質」がその範囲として示されています。

　このがん原性物質の範囲の取決めは 2022 年 12 月 26 日に告示され、併
せて CAS 番号付きリストも提示されています。

【参考】厚生労働省ウェブサイト「労働安全衛生規則に基づき作業記録等の
30 年間保存が必要ながん原性物質を定める告示を行いました」
https://www.mhlw.go.jp/stf/newpage_29998.html

　このように労働安全衛生法等の改正に伴って実務に必要な取決めが順次な
されていますが、リスクアセスメントを中心として、「リスクアセスメント
の実施⇒ばく露低減措置⇒効果の確認⇒記録と保存」という全体の流れを見
失わずに対応することが重要です。

4 対応のポイント

①当事者は誰なのか

　業種に関わらずこの改正の対象となりますので「うちの会社は関係ない」とは言えないわけですが、「化学物質を使っていないから関係ない」とは思うかもれません。ただし本当に「化学物質を使っていない」と言い切れるかどうかはきちんと検討する必要があります。自然物は「化学物質」ではないから始まって、本来リスク管理すべき潤滑油や接着剤、洗浄剤等が、「化学物質」と思われていなかったなどの事例は数多くあります。

　化学物質には必ずハザードがあり（第1章2参照）、使用によってリスクが発生するということを認識することが求められます。要するに「自分は化学物質を取り扱っている」というところが出発点になるわけです。

　改正にあたって打ち出された施策は詳細かつ具体的なので出発点に立つことができれば正しい安衛法関連の対応ができると思われますが、裏返せば出発点に立てるかどうかに成否がかかっているともいえるでしょう。

　この点はサプライチェーン全体でお互いにサポートすること、例えば化学品の供給者が川下使用者に「この製品は化学物質であり、相応の管理が必要」と伝えることもよいかもしれません。

②化学物質のリスク管理

　化学物質のリスク管理は、化学物質が固有に持つ危険有害性（ハザード）に対して、使用方法・ばく露シナリオを管理してばく露量を許容量（ばく露限界値）以下にすることが目標となります。ここでのポイントの1つはばく露量を把握することですが、基本は実際の分析により対象物質の現実の値を把握することでしょう。コントロール・バンディング等のシミュレーション的なリスク評価手法にどうしても目が行きがちですが、あくまでもシミュレーションであって現実の分析がどうしてもできないときに検討すべきです。分析の実施はやってみればそれほどハードルの高いものではないことに

気づくはずです。

　また、化学物質に対する社内管理体制として、環境・製品に対するどちらかといえば対外的な部門と社内での製造・使用・労務管理に関する部門が別々の企業も多いと見受けられますが、本改正については柔軟な対応が望ましいと思われます。

第5章のポイント

□労災等の多発に対して職場での化学物質管理を強化するため、労働安全衛生規則等の一部が改正された。

□企業は業種によらず化学物質管理の社内体制及びその実施について見直しが必要となった。

□たとえ現時点で「化学物質」を取り扱っている認識がなくとも本改正の内容を確認し、化学物質使用の有無から実態を点検する必要がある。

□本改正を第3章「2　業務の流れから法令を知る」に示した以下の5項目にあてはめることによって、自社内への業務展開を具体的かつ効率的に検討・立案することができる。

   （1）化学物質の特定情報　～物質の同一性

   （2）化学物質の製造・輸入

   （3）化学物質のリスク管理　～化学物質の安全使用

   （4）成形品の法規対応

   （5）GHS と SDS・ラベル

〈参考情報〉

【日米欧の主な所管官庁】

■日本

・経済産業省　化学物質管理
https://www.meti.go.jp/policy/chemical_management/index.html
・厚生労働省　職場における化学物質対策について
https://www.mhlw.go.jp/stf/seisakunitsuite/bunya/koyou_roudou/
roudoukijun/anzen/anzeneisei03.html
・環境省　保健・化学物質対策
https://www.env.go.jp/chemi/

■欧州連合（EU）

・ECHA（European Chemicals Agency）
https://echa.europa.eu/

■米国

・U.S. Environmental Protection Agency
https://www.epa.gov/

【日米欧　化学物質インベントリ】

化学物質のインベントリはインターネット上に公開されている。日米欧の主なものを以下に挙げる。

■日本

・NITE-CHRIP（NITE 化学物質総合情報提供システム）
https://www.nite.go.jp/chem/chrip/chrip_search/systemTop
※ご利用の際には FAQ をご確認ください。
〈NITE-CHIRP FAQ〉
https://www.nite.go.jp/chem/chrip/chrip_search/html/FAQ.html

■欧州連合（EU）

・Advanced search for Chemicals
https://echa.europa.eu/advanced-search-for-chemicals?p_p_id=
dissadvancedsearch_WAR_disssearchportlet&p_p_lifecycle=0

■米国

・TSCA Chemical Substance Inventory
https://www.epa.gov/tsca-inventory

索　引

著者略歴

林　宏（はやし　ひろし）

さがみ化学物質管理株式会社　代表取締役

化学メーカーで主に半導体関連の素材・材料の研究開発に従事。
2007 年、ヨーロッパ系第三者認証機関でアジアパシフィック地域統括者として REACH 規則対応ビジネスを構築。
2009 年 9 月 1 日、さがみ化学物質管理ワークス設立。
2013 年 1 月 1 日、さがみ化学物質管理株式会社として法人化。

『World Eco Scope』（第一法規株式会社）相談室回答者。
『月刊化学物質管理』（株式会社情報機構）「質問箱」を創刊以来連載中。
化学物質管理に関するセミナーなど多数。

ますます複雑・巨大化する化学物質管理規則対処のための、わかりやすい解説を目指しています。

サービス・インフォメーション

―― 通話無料 ――

① 商品に関するご照会・お申込みのご依頼
　　　　　TEL 0120 (203) 694／FAX 0120 (302) 640
② ご住所・ご名義等各種変更のご連絡
　　　　　TEL 0120 (203) 696／FAX 0120 (202) 974
③ 請求・お支払いに関するご照会・ご要望
　　　　　TEL 0120 (203) 695／FAX 0120 (202) 973

● フリーダイヤル（TEL）の受付時間は、土・日・祝日を除く
　9：00～17：30です。
● FAXは24時間受け付けておりますので、あわせてご利用ください。

改訂版　はじめての人でもよく解る！
やさしく学べる化学物質管理の法律

2020年 9 月30日　初版発行
2023年 7 月25日　改訂版発行

著　者　林　　　宏
発行者　田　中　英　弥
発行所　第一法規株式会社
　　　　〒107-8560　東京都港区南青山2-11-17
　　　　ホームページ　https://www.daiichihoki.co.jp/

やさしく化学改　ISBN978-4-474-09148-1　C2058 (8)